儿童安全手册

李 佩 著

金盾出版社

内容提要

安全问题与每一个孩子息息相关，也是家长最牵挂、最关心的事。如何让孩子远离危险，平安长大？《儿童安全手册》针对这一问题从孩子护理、饮食、外出、游戏、独处、旅行、遇灾等19个方面，就孩子的安全问题给年轻的家长提个醒。

图书在版编目（CIP）数据

儿童安全手册／李佩著．—北京：金盾出版社，2017.7
ISBN 978-7-5186-0970-3

Ⅰ．①儿…　Ⅱ．①李…　Ⅲ．①安全教育—儿童读物
Ⅳ．①X956-49

中国版本图书馆CIP数据核字（2016）第153329号

金盾出版社出版、总发行
北京太平路5号（地铁万寿路站往南）
邮政编码：100036　电话：68214039　83219215
传真：68276683　网址：www.jdcbs.cn
封面印刷：北京印刷一厂
正文印刷：双峰印刷装订有限公司
装订：双峰印刷装订有限公司
各地新华书店经销
开本：880×1230 1/32　印张：10
2017年7月第1版第1次印刷
印数：1～5 000册　定价：36.00元

编者的话

Bianzhe De Hua

  宝宝从生下来到长大，是一件非常不容易的事情。儿童特别容易受到意外伤害。如何才能让孩子安全、健康成长，是让年轻家长和老师最牵挂的事。

  为此，金盾出版社特编辑出版了《儿童安全手册》。本书从护理、饮食、外出、游戏、独处、旅行、遇灾等 19 个方面，就孩子的安全问题对年轻家长做了诚挚的提示，并配有朗朗上口的歌谣。本书让家长读了就懂，好记好用，开卷有益。家长可以用书中简单上口的儿歌对孩子做安全提示。

  这是一本指导家长如何保护孩子不受伤害的实用手册。

编绘：江秀伟　王兰兰　马丽霞　邱银武　江海亮
　　　　王娅楠　江海亮　张美栓　王玉芝　张东娜

目 录

MoLu

· 护理安全 ·

调整睡姿宝宝乐 1

宝宝别在床上蹦 2

宝宝翻身有学问 3

别把孩子抛来抛去 4

正确抱婴儿 5

骨折、关节脱臼怎么办 6

不给婴儿锐器玩 7

宝宝窒息急救法 8

不要整夜吹空调 9

宝宝中毒急救 10

婴儿床加护栏 11

不要近距离看电视 12

热水袋盖要拧紧 13

宝宝学坐加靠垫 14

纱布、线头危险大 15

常剪指甲很重要 16

常换尿不湿 17

奶瓶、奶嘴常煮烫 18

· 医药卫生安全 ·

有病到医院看病 19

别抠肚脐 20

用药看说明书 21

小药箱要管好 22

这种情况别洗澡 23

不要抠耳朵 24

别躺在沙发背上看电视 25

耳朵别进水 26

不要抠鼻孔 27

孩子也怕强紫外线 28

别人的眼镜不要戴 29

不用脏手揉眼睛 30

洗澡前测水温 31

变质和过期药不能吃 32

不要玩注射器 33

急救要打"120" 34

传染病要隔离 35

· 校园安全 ·

瓶装水只能自己喝 36

小贩的零食不要买 37

做游戏要讲文明 38

上下楼梯别乱挤 39

不登高搞卫生 40

捉迷藏场地要平整 41

不要趴在窗台上 42

不在楼下接东西 43

拒绝玩"斗鸡" 44

不要在楼房跟前走 45

远离校园暴力 46

女生要注意 47

放学别回家太晚 48

戴好小黄帽 49

不要咬铅笔和橡皮 50

· 运动安全 ·

游泳、跳水别逞能 51

游泳前做准备活动 52

遇到有人溺水要呼救 53

玩呼啦圈别过度 54

别人投掷要远离 55

做好准备活动 56

玩双杠要注意 57

踢球要会保护自己 58

打篮球要注意 59

爬竿手脚要并用 60

赛跑不要闭着眼 61

· 节日安全 ·

别人放爆竹别靠近 62

气球会爆炸 63

遇到意外情况时 64

不乱抢赠品 65

庙会香火安全 66

逛庙会不要挤 67

游园走丢找警察 68

不收生人的东西 69

过生日要防火 70

不能暴饮暴食 71

· 接触动物安全 ·

不能招猫逗狗 72

不要让宝宝养鸡鸭...........73

不掏鸟蛋...........74

小动物吃食别惹它...........75

野生动物园讲安全...........76

跳起叼球不能玩...........77

被宠物咬了上医院...........78

别跟猫狗亲密接触...........79

宠物忌妒伤宝宝...........80

宝宝不去宠物医院...........81

不要捅马蜂窝...........82

宠物也要讲卫生...........83

不要让宝宝喂宠物...........84

宝宝要善待动物...........85

·危机时刻安全·

发生燃气泄漏时...........86

孩子触电怎么办...........87

电梯坠落怎么办...........88

宝宝烫伤怎么办...........89

孩子溺水时...........90

遭坏人绑架如何挣脱...........91

学会拨打"110"...........92

学会拨打"120"...........93

·遇灾安全·

小宝宝，别玩火...........94

家里失火怎么办...........95

学会拨打"119"...........96

当洪水到来时...........97

地震发生时...........98

遭遇海啸...........99

雪崩发生时...........100

碰上泥石流...........101

天上下冰雹...........102

龙卷风来临时...........103

·居室安全·

防止煤气中毒...........104

用好学步车...........105

关门别掩宝宝手...........106

开门要言语...........107

不要藏在衣柜里...........108

宝宝不开热水器...........109

小宝宝别在浴缸洗浴...........110

不拧燃气灶开关...........111

不要晃动液化气罐...........112

别动妈妈的化妆品.............. 113
儿童房的灯光别太乱.......... 114
卧室不养花...................... 115
养花卉要防中毒.................. 116
宝宝过敏少养花.................. 117
烤火别离火太近.................. 118
宝宝别在地毯上爬.............. 119
桌椅要圆角...................... 120
宝宝不要摸暖气片.............. 121
坐在转椅上别乱转.............. 122
儿童房装修要简洁.............. 123
藏好家里的毒鼠强.............. 124
别用饮料瓶装杀虫剂.......... 125
毒饵不能吃...................... 126
雷雨天不要打电话.............. 127

• 小区安全 •

上下电梯要注意.................. 128
等电梯停稳再上.................. 129
电梯遇歹徒要智斗.............. 130
不要钻楼区地下室.............. 131
宝宝不要乱爬树.................. 132

传达室是干什么的.............. 133
陌生人尾随找保安.............. 134

• 饮食安全 •

小心鱼刺扎着宝宝.............. 135
不能多人用一勺.................. 136
饭前便后要洗手.................. 137
纯净水要纯净...................... 138
婴幼儿食品要买正牌产品 .. 139
病死禽、畜不能吃.............. 140
吃瓜果要削皮.................... 141
蔬菜吃前去残毒.................. 142
不要引诱宝宝喝酒.............. 143
不要躺着吃东西.................. 144
少吃辛辣食物...................... 145
街头爆米花不要吃.............. 146
吃扁豆要炒熟...................... 147
不要只喝饮料...................... 148
不吃果子狸...................... 149
运动回来别急着喝水.......... 150
吃饭不挑食...................... 151
不吃生西红柿...................... 152

少吃快餐食品 153

不要误食毒蘑菇 154

吞食果冻易噎着 155

酸奶变质不能吃 156

· 交往安全 ·

小孩不去歌舞厅 157

对陌生人守秘密 158

不跟陌生人走 159

女孩不要随便去别人家 160

女孩不要随便在外过夜 161

不要让陌生人触摸身体 162

女孩不要让陌生男人抱 163

女孩约会要谨慎 164

这样的聚会早脱身 165

在外防诈骗 166

大孩子给你烟要拒绝 167

儿童防拐卖 168

远离毒品 169

交友要选择 170

不要赌博 171

· 外出安全 ·

街上走失找警察 172

地铁站内别乱跑 173

逛商店走丢怎么办 174

不认家门怎么办 175

进出院子别钻墙洞 176

不要钻护栏 177

冬天别摸铁栅栏 178

不在商场扶梯上玩耍 179

不要把头伸梯外 180

识别安全通道 181

一人不走地下通道 182

小孩出门坐公交车 183

防晕车做哪些准备 184

要远离骡马 185

工地不是游乐场 186

不要在草地上躺着 187

远离水塘边 188

留神脚下的井盖 189

秋末初春不要走冰河 190

上学路上防劫钱 191

不要观看电焊光 192

不独自到公共场所 193
女孩大街上被尾随怎么办 .. 194
利用锐器自卫 195
不要引"狼"入室 196
遭到劫持会自救 197
雾霾天，少外出 198
别在胸前挂钥匙 199

·游戏安全·

玩滑梯，要扶好 200
爬攀登架注意安全 201
不坐海盗船和过山车 202
放风筝远离高压线 203
荡秋千要注意安全 204
滑冰安全 205
滑旱冰不要上马路 206
玩耍不要攀爬大树 207
不要在阳台上玩降落伞 208
远离剧烈游戏 209
塔吊车下不能玩 210
远离危房和老墙 211
别用放大镜看太阳 212

玩具枪不要指着人 213
不要模仿危险动作 214
不要玩硬币 215
不要口含小东西 216
不要玩碎玻璃 217
雨后别蹚水玩 218
戴耳机听音乐别太久 219
不要登滑板车上马路 220
不要捡垃圾 221
转圈别太多 222
不把塑料袋套头上 223
不要玩激光棒 224
别往嘴里抛食物 225
坐转椅慢慢转 226

·独处安全·

看动画片克服恐惧 227
孤独、害怕不要跳窗 228
上门维修者 229
如果家长外出怎么办 230
上门售货不上当 231
发现虫、鼠要躲避 232

陌生人来电话 233

不要舞弄刀剪 234

有人自称是亲戚 235

睡觉醒来家没人 236

留守儿童要善于自保 237

不要站在高凳上 238

•交通安全•

过马路，左右看 239

过小桥，手牵手 240

集体过桥不要走正步 241

过马路要走斑马线 242

骑童车不要上马路 243

不在铁轨上玩耍 244

不坐"二等车" 245

儿童不骑车上马路 246

从右边下车 247

孩子别坐副驾驶座 248

头和手不要伸窗外 249

开启儿童安全锁 250

汽车倒车要躲开 251

儿童应使安全座椅 252

不要把孩子锁车里 253

汽车后面不能待 254

过马路不要看书、打闹 255

乘公交车抱紧小宝宝 256

乘车要系安全带 257

过马路不要跑 258

拨打"122"干什么 259

不要翻越马路护栏 260

•旅游安全•

旅游时别钻草丛 261

竹签伤心时 262

等船停稳再迈腿 263

不随便吃野果 264

划船要小心 265

不明水源不能喝 266

海边玩要防晒 267

到动物园别喂动物 268

注意涨潮落潮 269

别把手伸进栏杆 270

不要互相扔沙子 271

过溪水，知深浅 272

滑雪先要学会摔 273
不下水塘去游泳 274
爬山一定走山路 275
善于躲山火 276
在山林里别玩火 277
下山不要猛跑 278
雷雨天不要树下站 279
打雷不要高处站 280
肢体被毒蛇咬后 281
迷路怎么办 282
不要钻陌生山洞 283
爬山不要突然坐下 284
野餐也要讲卫生 285
水土不服怎么办 286
不要迎风吃饭 287

电线漏电怎么办 291
插线板坏了不能捅 292
别抠插座眼 293
不乱动电器按钮 294
电熨斗要管制 295
别用刀、剪割电线 296
手别伸进电扇 297
不要站在吊扇下 298
别把手伸进洗衣机 299
用电淋浴器时要断电 300
热水壶有危险 301
捡的电器别再用 302
洗衣机工作时不要在边上玩水 ...303
用微波炉要注意 304
电器打火、冒烟不能使 305

·电器使用安全·

定期检查电器是否漏电 288
别拿手机当玩具 289
不要自己安灯泡 290

·上网安全·

不要让孩子过早上网 306
警惕不法网站的毒害 307
儿童切忌网上交友 308

护理安全

调整睡姿宝宝乐

　　仰卧的睡姿能使新生儿全身肌肉放松，对孩子的心脏、胃肠道和膀胱的压迫最少。但是，仰卧睡觉时，因舌根部放松并向后下坠，会影响宝宝呼吸道的通畅。家长应密切观察新生儿的睡眠状况，不要因为呼吸不畅造成宝宝窒息。宝宝侧卧睡觉时，家长应适时调整宝宝侧卧的方向，以免造成脸长偏的现象。不提倡宝宝俯卧睡觉，因为俯卧容易造成宝宝窒息。常调整睡姿，宝宝会感到舒适、快乐。

一个姿势睡觉累

小宝宝，爱睡觉，
睡觉姿势调整好。
睡姿不好真难受，
呼吸困难睡不好。
一个姿势睡觉累，
要不调整脸长偏。
脑袋长偏多难看，
歪瓜裂枣谁喜欢？

小贴士

　　家长不注意调整宝宝睡觉的姿势，宝宝小脸长偏的很多。由于宝宝的脸很柔软，即使宝宝的脸长偏了，只要注意调整，也容易纠正过来。

1

宝宝别在床上蹦

宝宝会站以后，爱在床上玩耍，甚至爱在床上蹦。这样做很危险，因为床单的皱褶有可能将孩子绊倒，使孩子摔到床下。所以，在靠近婴幼儿床边的地上放一张柔软的地毯是必要的。万一孩子不小心掉下床来，地毯可以起到保护作用。

宝宝别在床上蹦

小地毯，真漂亮，
要在宝宝床前放。
宝宝如果掉下来，
保护脑袋不受伤。
宝宝别在床上蹦，
床单一绊摔下床。
要想玩耍下床站，
地板光洁无阻挡。

小贴士

刚会站的宝宝协调能力差，床单的皱褶一绊就能让宝宝摔倒！

2

宝宝翻身有学问

　　小宝宝睡觉翻身可不是一件小事。婴儿腰肢非常柔嫩，妈妈在帮助他翻身时，要一手拢住他的头，一手拢住他的小屁股，这样能带动宝宝全身一起滚动，不至于造成宝宝的颈椎和脊椎受伤。一旦颈椎和脊椎受伤，后果很严重。

宝宝翻身

小宝宝，睡得甜，
妈妈帮你把身翻。
拢住脑袋和屁股，
上下齐翻一二三！
全身一起来滚动，
颈椎、脊椎都安全。
婴儿翻身有学问，
处理不好很危险。

小贴士

　　儿童护理无小事，婴儿翻身看似简单，处理不好却容易引起严重后果！

3

别把孩子抛来抛去

宝宝小时候非常可爱，有的家长喜欢把小宝宝抛来抛去逗宝宝玩。这样做非常危险，容易伤害宝宝的脑神经，使孩子受到惊吓，也容易让宝宝的筋骨和内脏组织受到伤害。

别拿孩子当玩具

别拿孩子当玩具，
空中抛来又抛去。
宝宝器官很柔嫩，
不会说话诉委屈。
颈椎、脊椎受了伤，
自己只能憋心里。
孩子容易受惊吓，
易伤筋骨头着地。

把孩子抛来抛去当玩具玩，是无知的表现。宝宝器官受伤往往是隐蔽的，一时看不出来。

正确抱婴儿

哪个家长不会抱婴儿呀？世界上还真有这样的爸爸妈妈。婴儿的骨骼软，家长要让被抱着的婴儿有安全感，要一只手抱着他的屁股，另一只胳臂揽住婴儿的腰部，要把婴儿用小被子裹起来，让婴儿的身体能保持直立姿势。婴儿只有身体直立起来了，才感觉到自己被大人抱着，并得到了大人的抚慰。

有个爸爸真少见

有个爸爸真少见，
手托婴儿直出汗。
从来不会抱孩子，
宝宝哭闹直叫唤。
以为自己床上躺，
没人抚慰没人管。
这位爸爸不合格，
需跟月嫂学几天。

当个合格的爸爸需要从抱孩子学起！

骨折、关节脱臼怎么办

　　宝宝运动不当，容易发生骨折和关节脱臼。如果出现了问题，最牢靠的办法是送医院请医生救治。如不能及时就医，家长不要随便移动孩子，以免对孩子造成二次伤害。这时，家长可以用几个枕头把宝宝受伤的部位抬高，让受伤的部位尽量高于心脏的位置，防止血液淤积到受伤的部位，减轻伤处肿胀的程度。

受伤部位要抬高

小宝宝，特别淘，
腿部骨折不得了。
年轻妈妈不要慌，
受伤部位要抬高。
下面垫上软枕头，
伤处要比心脏高。
这样血液不淤滞，
减轻肿胀实在好。
处理完毕送医院，
因为自己治不了。

小贴士

　　发生骨折和脱臼一定要送医院，请医生诊治，以免留下后遗症。

不给婴儿锐器玩

　　妈妈为了自己干事，常给宝宝一个玩具，让他自己玩。妈妈一定要注意，不要给宝宝尖锐的利器当玩具玩耍，此时的宝宝身体协调能力差，要防止宝宝因手动作不准，伤害自己的眼睛和面颊。

宝宝爱玩充气羊

小宝宝，睡篮筐，
空中挂只充气羊。
小手一打它就跑，
眼睛、脸蛋都不伤。
千万别给他利器，
宝宝总爱把手扬，
胡乱挥舞太可怕，
利器易把宝宝伤。

小贴士

让宝宝独自玩耍时，给宝宝的玩具要精心选择！

宝宝窒息急救法

　　宝宝有时误吞了异物而发生窒息。如果家长来不及请医生救治，又不采取措施急救，孩子会窒息而死。急救的办法是：施救者要一手握拳，放在孩子的肚脐上方、胸骨下方，用拳头向上、向内快速推压孩子的腹部，直到孩子吐出异物。对于周岁以下的孩子要慎重使用这种办法，因为他们的器官柔弱，推压不当容易造成内伤。可以拍击背部5次，再轻轻按压胸部5次，反复交替进行，直到异物吐出。家长要及时拨打120急救电话，请医生诊治。

宝宝误吞小胡桃

宝宝误吞小胡桃，
脸红气短命难保。
妈妈应该会急救，
拍打推压都有效。
周岁以内要慎重，
因为宝宝实在小。
千万别忘打电话，
急救车辆早赶到。

　　120急救车不能及时赶到时，家长亲自急救是很必要的。

不要整夜吹空调

在天气炎热的夏天,可以天天给孩子洗澡。有的家长怕孩子中暑,整夜让孩子吹空调,造成孩子着凉、拉肚子,甚至中风吹歪了小嘴,得了"空调病"。睡前用一用空调,把室温降下来,能入睡就行了,千万不能让空调风直吹宝宝。

空调不能整夜吹

天热整夜吹空调,
着凉、拉稀可不好。
空调不能直接吹,
孩子中风不得了。
要是吹歪小嘴巴,
到时准吃"后悔药"!
睡前室温降下来,
踏踏实实睡个觉。

小贴士

宝宝所待的屋子不要开空调,打开另一个房间的空调,让整个居室温度降下来就行了。

9

宝宝中毒急救

首先，家长应该让宝宝远离有毒物品。如果孩子不慎食了毒物而中毒，应让孩子保持向左侧卧姿势，这样有利于孩子吐出毒物。家长可以用干净的软布包裹的手指取出孩子口中没有来得及吞咽的毒物。孩子的身体接触过毒物的部分，要用肥皂洗，并用流动的水冲洗干净。假如孩子处于无意识状态，请家长按窒息急救法，采用推压和击打的方式对宝宝进行急救，目的是要把毒物尽快排出来。同时应迅速拨打120急救电话，请医生救治。

宝宝中毒时

宝宝误吞有毒物，
左侧躺卧易排毒。
软布包裹手指头，
抠出嘴中残留物。
宝宝昏迷无意识，
采用推拍来排毒。
同时拨打120，
急救时间别延误。

小贴士

以上所说的办法是在急救车不能及时赶到时采取的应急措施。

婴儿床加护栏

宝宝会爬以后，对婴儿的护理会增加许多内容，如要对婴儿睡觉的小床加护栏，以防婴儿从床上往外爬摔到地面上。即使没有婴儿床，也要在床的边沿挡上被褥，防止宝宝从床上滚到地上。

婴儿床

婴儿床，长方方，
四周有圈栅栏墙。
宝宝不会掉下床，
安然入睡香又香。
婴儿小床像座"城"，
宝宝一人住"城"中。
宝宝渐渐入梦中，
爸妈心情好轻松。

小贴士

并不是让宝宝睡婴儿床就万事大吉了，还要有防护措施，防止宝宝出意外。

不要近距离看电视

　　家长要特别注意，不要让宝宝近距离看电视。近距离看电视会影响孩子的视力。尤其要防止宝宝近距离看打打杀杀的恐怖片，因为过于刺激的镜头会影响孩子的心理健康。

看电视

看电视，近距离，
损伤小孩的视力。
孩子视力要保护，
强光刺激不可取。
刺激镜头不要看，
恐怖剧情要回避。
爸妈选片要注意，
远离血腥和暴力。

小贴士

　　不要让宝宝接触电视的强光，也不要让宝宝观看血腥和暴力的电视剧。

热水袋盖要拧紧

冬天时，年轻的妈妈应常给宝宝的被褥里放个热水袋，给被褥加温。妈妈要注意，热水袋盖子一定要拧紧，以免热水溢漏烫着宝宝。热水袋外面要包几层厚毛巾，不要让热水袋直接接触宝宝的身体。

热水袋

热水袋，放被窝，
被子暖暖宝宝乐。
盖子一定要拧紧，
热水溢漏了不得！
防止烫伤小宝宝，
热水袋外毛巾裹。
一觉睡到大天亮，
既不冷来也不热。

小贴士

冬天因使用热水袋给宝宝取暖而烫伤宝宝的事情时有发生，不能不防噢！

13

宝宝学坐加靠垫

　　婴儿学坐的时候，往往会不自觉地倒下去。所以，开始的时候一定要在宝宝的身后、左右加上靠垫，帮助宝宝能够端正地坐着。当他慢慢学会坐后，可以撤掉靠垫。

宝宝学坐

小宝宝，不会坐，
坐着左右来摇晃。
妈妈让他来学坐，
但是时间不能长。
小宝宝，坐床上，
要用靠垫来帮忙。
坐着看得宽又远，
宝宝心里喜洋洋。

小贴士

　　由于宝宝骨骼太软，没有定型，千万不要让他坐的时间过长，不然会影响脊椎发育！

纱布、线头危险大

年轻妈妈怕小宝宝用指甲抓脸和眼睛，常用纱布把他的小手裹上。这很危险，因为纱布容易脱丝，线头绕住宝宝嫩嫩的手指，影响血液流通，造成手指皮肤坏死、烂掉。有时宝宝哭泣，妈妈要注意观察，看是不是发生了这种情况。

纱布块、小线头

纱布块，小线头，
裹上宝宝小嫩手。
纱丝绕住小手指，
宝宝哭闹因难受。
线头赛过小刀子，
一旦缠住血难流。
手指皮肤易坏死，
祸根就是小线头。

小贴士

的确曾经发生过小线头缠绕宝宝的手指，造成手指坏死的情况，妈妈万万不可大意。

常剪指甲很重要

　　宝宝用手揉眼睛时，因为宝宝的脸皮肤细嫩，而手脚动作不协调，指甲容易把脸和眼睛划伤。因此，妈妈要常给婴儿剪指甲，也可以给宝宝的袖子做长些，让小指甲划不到小脸和眼睛。有的妈妈让宝宝戴小手套，戴小手套容易掉，不能保证脸和眼睛不被划伤。

脸和眼睛不受伤

小宝宝，指甲长，
容易抓脸脸受伤。
常给宝宝剪指甲，
保证小脸不划伤。
妈妈做件小衣裳，
衣裳袖子特别长。
长袖袖，有用处，
眼睛和脸受保护。

小贴士

　　宝宝穿着长袖衫跟穿小道袍一样，可它能护住宝宝的脸和眼睛！

16

常换尿不湿

　　用尿不湿代替尿布是一大进步，尿不湿把尿液吸到尿不湿里，使宝宝少受罪，妈妈也得了解放，不用总洗尿布了。但这并不等于说，用了尿不湿就可以不用勤换尿不湿。一片尿不湿吸的水分是有限的，时间太久了，尿液还是会沤红宝宝的小屁股的。年轻妈妈不要偷懒，要常给宝宝换尿不湿。

不做懒妈妈

有了尿不湿，
妈妈解放啦。
尿不湿太小，
尿液溢出啦。
勤换尿不湿，
不做懒妈妈。
宝宝很舒服，
不再哭闹啦！

小贴士

　　有尿不湿方便多啦，但不是一劳永逸，不常换也不行！

17

奶瓶、奶嘴常煮烫

　　宝宝的奶瓶和奶嘴很容易被细菌侵蚀变酸，在使用前一定要经过煮烫，才能把上面的细菌杀死。因为奶瓶、奶嘴上的细菌感染造成宝宝得肠胃病的情况时有发生，必须引起年轻妈妈的重视。

奶瓶、奶嘴常煮烫

奶瓶、奶嘴容易脏，
细菌爱在上滋长。
宝宝吮吸很危险，
菌从口入进胃肠。
奶瓶、奶嘴常煮烫，
上面细菌死光光。
宝宝吃奶才放心，
身体健康心欢畅。

小贴士

　　奶瓶和奶嘴每天都要煮烫消毒。

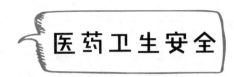
医药卫生安全

有病到医院看病

　　谁家的宝宝都难免生病，生病后一定要到正规医院去就医，千万不要"有病乱投医"。街头的巫医、庸医治死人的事件屡有发生。另外，也不要听信偏方治病，贻误病情。

有病就要去医院

小明生病直呕吐，
请来庸医胡大夫。
病没治好落毛病，
妈妈急得哇哇哭。
地下诊所无资质，
医生胡治瞎对付。
快到警局把他告，
警察会将他抓住。

小贴士

黑诊所、庸医害死人的事情发生不少！

别抠肚脐

肚脐是孩子出生时，剪脐带留下来的产物，常积存一些黑色的污物。只要常给孩子洗澡，不会影响宝宝的健康。如果把肚脐里的黑色东西抠掉，就会从肚脐进凉气，造成宝宝剧烈的腹痛。

别抠肚脐

小弟弟，脱掉衣，
肚皮上有小肚脐。
肚脐里面黑漆漆，
抠掉污物会"漏气"。
小弟就会肚子疼，
爸妈千万要注意！
肚脐有黑无大碍，
不要随便抠肚脐。

肚脐是黑的也别抠！

用药看说明书

宝宝免不了头疼脑热，医生给开了药后，让宝宝服用药时，家长一定要看说明书，说明书上对药品用量和用药的禁忌都有详细说明。药品服用过量，不但不能治病，还会对宝宝身体造成伤害。如果家长看不懂说明书，要请教医生。

用药要看说明书

宝宝得病要吃药，
细看说明很重要。
瞎吃乱服害处大，
不懂事先要讨教。
服药一定按时间，
过时服药疗效小。
药量不够难治愈，
服药过量也不好。

小贴士

药剂过量也会对身体造成损害。

21

小药箱要管好

　　家里都备有小药箱，现在有些药片外面裹着糖衣，花花绿绿的，放到嘴里甜丝丝的，宝宝很难将它们与糖果区分开来。家长一定要将小药箱锁好，大人吃的药也不要乱放，宝宝误食药片会产生不良后果。这些年，宝宝误食药片的事情时有发生，这都是因为家长对于小药箱管理不好造成的。

药片不是甜糖果

小药箱，严管理，
平日锁好最相宜。
宝宝不能随便拿，
误食药片不可以。
小药片，裹糖衣，
刚放嘴里甜如蜜。
损伤身体危害大，
万万不能放嘴里。

　　药片不是糖果，没病不能吃！

这种情况别洗澡

孩子身体有以下几种情况，不要给孩子洗澡：孩子刚吃过奶后，早产儿体重不足 2500 克，孩子皮肤有伤，打过预防针后，孩子有肚子疼、腹泻、呕吐症状，刚发过烧后，等等。有上述任何一种情况，都不要给宝宝洗澡。

洗澡时要注意

常洗澡，固然好，
注意事项要知道。
肚子疼痛闹腹泻，
预防针刚打完了。
皮肤破损受了伤，
感冒、呕吐和发烧。
以上症状不能洗，
强洗后果很糟糕。

小贴士

如有以上症状，千万不要给孩子洗澡，否则孩子会很受罪的！

不要抠耳朵

耳朵眼里常有发痒的时候，也有时候积存一些耳屎。年轻妈妈常用硬物给宝宝掏耳朵，这很危险。如果捅破了耳膜，会造成宝宝耳聋的严重后果。假如有必要掏耳朵，到医院找医生来处理最为妥当。

耳朵痒怎么办

宝宝耳朵有点痒，
年轻妈妈不要慌。
抱着宝宝到医院，
求助医生最妥当。
不要自己挖耳朵，
容易把耳隔膜伤。
造成耳聋后果重，
将来不能把兵当。

小贴士

如果把耳朵隔膜捅破，听力出了问题，许多重要工作就不能干了。后果严重啊！

别躺在沙发背上看电视

有的孩子学大人，喜欢枕着沙发靠背看电视，这是个很不好的习惯。沙发背很高，容易对颈椎造成伤害。颈椎是重要的器官，造成伤害容易落下终生的毛病。再一点，躺着看电视，看到的画面都是横着的。为了能明白剧情，视神经不得不随时调整画面的方向，使眼睛十分疲劳，这样会对眼睛造成伤害。正人先正自己，大人平时看电视也不要躺在沙发背上看。

李小苗，懒宝宝

李小苗，懒宝宝，
躺在沙发学小猫。
看电视，不起来，
伤害颈椎很不好。
看的画面是横的，
视神经，特疲劳。
端坐身姿看电视，
不学懒惰小花猫。

小贴士

大人看到孩子枕着沙发靠背看电视，一定要把他叫起来！

耳朵别进水

年轻妈妈一定要注意，在给婴幼儿洗澡、洗头时，不要让水流进宝宝的耳朵。有的妈妈让宝宝躺在自己的大腿上，然后给宝宝洗头。这样做，水很容易流进宝宝的耳道，引起宝宝的耳道发炎。如果发现水已经流进了宝宝的耳道，要用干净、柔软的棉球，将水吸出来。如果水进入到耳道的深处，要带宝宝到医院，请医生帮助处置。如果宝宝的耳道已经发炎，他会因为发痒而经常摇头。

宝宝为啥爱哭闹

宝宝为啥爱哭闹？
有时还把脑袋摇。
因为耳朵进了水，
耳道发炎很糟糕。
耳朵进水及时擦，
擦干宝宝笑哈哈。
如果耳朵进水多，
医生治疗有办法。
不要自己瞎折腾，
捅破耳膜很可怕！

小贴士

如果宝宝的耳朵进了水，而且流入耳道深处，家长自己又处置不了，一定要带孩子去医院请医生处置，不要蛮干！

不要抠鼻孔

鼻子是呼吸器官，宝宝的鼻孔有时被鼻涕堵住，造成呼吸不畅。妈妈要用柔软的纱布给宝宝擦净，或者用柔软的棉棍把鼻孔里的鼻屎擦出来，千万不要让宝宝自己抠鼻孔，以免引发鼻炎。

抠鼻孔是坏习惯

鼻涕娃有小脏脸，
拖着鼻涕太难看。
伙伴纷纷不理他，
只因他有坏习惯。
用小手指抠鼻孔，
引发鼻子发了炎。
妈妈帮他擦鼻涕，
干干净净都喜欢。

干净的宝宝谁不喜欢？妈妈要让宝宝从小养成好习惯。

27

孩子也怕强紫外线

在阳光灿烂的夏天，大人喜欢戴墨镜防止强紫外线伤害眼睛。可很少有家长让孩子戴墨镜的，很多大人甚至认为小孩子戴墨镜不雅观。其实，孩子的视神经和视网膜更脆弱，容易受强紫外线的伤害，更需要保护。

小墨镜

小墨镜，能过滤，
强紫外线进不去。
保护眼睛不受损，
大人小孩需要你。
大人需要戴墨镜，
防止阳光强刺激。
小孩眼睛要保护，
戴副墨镜也美丽。

家长要注意：选购墨镜要到正规眼镜店，一定要挑选能防紫外线光的墨镜！

别人的眼镜不要戴

　　只有在眼睛有毛病的情况下，才需要戴眼镜。小宝宝爱模仿，见老奶奶戴着老花镜干活，或者见妈妈戴着眼镜看书，认为眼镜是一种装饰物，也愿意戴着玩玩，这样做是不对的。无论是老花镜还是近视镜都有一定的度数，小孩子戴上老花眼镜或近视眼镜对眼睛是有伤害的。宝宝即使是近视眼或远视眼，也需要请医生验光，配合适的眼镜来戴，绝不能随便买一副眼镜就戴。

别人的眼镜不要戴

小宝宝，爱模仿，
别人啥样他啥样。
奶奶戴着老花镜，
他也拿来架鼻梁。
宝宝看物很模糊，
弄得头晕又脑涨。
眼镜不是小玩具，
随便乱戴把眼伤。

小贴士

　　家长要把自己的眼镜收好，不要让宝宝摸到。

29

不用脏手揉眼睛

眼睛是人重要的器官，保持眼睛卫生和眼睛的安全非常重要。让宝宝不要用小脏手揉眼睛，可妈妈没法控制小宝宝的手，所以要时刻保持孩子小手的干净。如果用脏手揉眼睛，眼睛里进了脏东西，容易发炎。眼里进了沙子怎么办？要到医院请医生及时诊治。妈妈要嘱咐宝宝，千万别自己揉眼睛，以免造成对眼睛的伤害。

不用脏手揉眼睛

小宝宝，爱干净，
不用脏手揉眼睛。
眼里进了脏东西，
眼睛发炎红又肿。
眼里进了小沙粒，
快去医院找医生。
自己揉眼害处大，
眼球受伤很严重。

小贴士

我们都要爱护自己的眼睛！

洗澡前测水温

　　宝宝需要常洗澡。宝宝洗澡前，妈妈要事先测测水温。洗澡盆里先放好凉水，然后再兑热水。如果先倒开水会非常危险，小孩以为澡盆里有水就能进入澡盆，容易发生烫伤。洗澡水水温在 38 ～ 39℃为宜。

洗澡

小宝宝，常洗澡，
妈妈先把凉水倒。
兑好热水再进去，
事先测温不可少。
妈妈嘱咐小宝宝，
不要急着往里跳。
水温合适再进盆，
烫着宝宝不得了！

小贴士

　　别急！小心烫着！

变质和过期药不能吃

　　药品是用来治病的，已过保质期和变质的药品不仅不能治病，还对宝宝的身体造成损害，当然不能吃啦！怎样辨认药品的保质期和变质药品呢？正规药品盒上都标着有效期，变质药片有的表面有色斑，有的药片颜色有变化。药品过期一定要扔掉。

不吃变质、过期药

宝宝患病要想好，
不吃变质、过期药。
吃前先看有效期，
看看药色很必要。
药片表面颜色变，
有的上面有色斑。
可能过期又变质，
贸然吃下惹麻烦。

　　快把过期、变质药品扔掉吧！

不要玩注射器

医院用过的注射器不能随便丢弃，也不要让儿童随便玩耍。用过的注射器接触过病人的身体和血液，上面有很多看不见的病菌。玩耍这些注射器，传染上疾病将后悔莫及。医疗单位应该将用过的注射器统一销毁。有的病人需要在家中注射，注射器用完后一定要用塑料袋封存好，丢到指定的垃圾箱中，千万不要让孩子接触到。

注射器，特别脏

注射器，特别脏，
无数病菌上面藏。
孩子千万别玩它，
传染疾病很难防。
针管用完别乱丢，
统一销毁理应当。
封存好，严包装，
投入指定垃圾箱。

小贴士

由于注射器保存不当而传染疾病的案例很多，这可不是小事呀！

33

急救要打"120"

孩子受到意外伤害，或者得了急病，妈妈又没有能力将孩子送到医院，应该立即拨打"120"，请急救中心派出急救车，进行紧急救治。急救中心的救护车上有医生和救治设备，还能将患儿及时送到医院。

急救要打"120"

小宝宝，得急病，
妈妈拨打"120"。
急救中心出车辆，
急救队员急出动。
急救车上有护士，
还有专家和医生。
采取措施先救治，
接着再往医院送。

农村没有急救中心，宝宝得了急病要及时送到医院。

34

传染病要隔离

如果家长发现周围有得肝炎、肺结核、非典型肺炎等传染病的病人时，要让宝宝与病人隔离，防止宝宝被传染上。有的小区设立了传染病隔离区，不要找这个小区的孩子玩耍。隔离是防止传染病流行的有效办法。

隔离区

前些年，闹"非典"，
全民动员齐防范。
有的设立隔离区，
"非典"无法逞凶顽。
小宝宝，要注意，
不要进入隔离区。
只要认真来防范，
病魔无法侵犯你。

小贴士

设隔离区是切断我们与传染源联系的途径。

校园安全

瓶装水只能自己喝

家长都让孩子自带一瓶瓶装水上学，有的孩子自己没带水，对着瓶嘴喝别人带的瓶装水，这样就有得传染病的可能。家长要告诉孩子，自己水瓶里的水只能自己喝，如果别的小朋友要喝，请他提供杯子，这样做可不是自私呀！

自己带水自己喝

夏天到，天很热，
瓶装水只能自己喝。
其他同学跟你要，
对嘴饮水要不得。
要是谁都对嘴喝，
交叉感染机会多。
病菌虽然看不见，
肠炎、痢疾都传播。

小贴士

对嘴喝水多不卫生呀，想喝水就要准备好水杯。

小贩的零食不要买

学校门口是禁止摆摊的，但总有一些不法商贩到学校门口卖些小朋友爱吃的零食。这些小贩的进货渠道不正规，有些食品达不到卫生标准，吃了容易得病，甚至引发食物中毒，小朋友们千万不要买小商贩的食物。

小贩的零食他不买

小商贩，大声喊：
"我的糖果甜又贱！"
小宝宝，嘴不馋，
经住诱惑和考验。
上学他不吃零食，
绝不乱花一毛钱。
小贩的零食他不买，
食物中毒可防范。

小商贩的糖果不干净，要管住自己的嘴巴！

做游戏要讲文明

　　男孩精力旺盛，课间休息常喜欢互相挑逗、打闹，小朋友们有时候还玩一些剧烈的游戏，容易造成意外伤害。伤着别人、伤着自己都不好，既影响团结，又很痛苦。课间休息别打闹，大家都做没有危险的游戏。

做游戏要讲文明

男孩精力很旺盛，
总爱嬉闹和起哄。
玩笑一定讲分寸，
伤害对方可不行。
课间休息应轻松，
做游戏要讲文明。
不要挑逗和打闹，
男孩尤其要记清。

小贴士

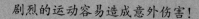

剧烈的运动容易造成意外伤害！

上下楼梯别乱挤

下课铃响后，同学们都想先跑出教室去玩耍、上卫生间。小朋友们要注意，不要互相推挤，要按顺序上下楼梯，以免有的小朋友被挤倒，滚下楼梯，被踩伤。在校园里，因上下楼梯而发生拥挤和踩踏的事故时有发生，千万不要大意哟！

上下楼梯按顺序

下课铃，一响起，
小朋友们都出去。
喝喝水，做游戏，
大家出楼透透气。
楼梯上，人很多，
上下楼梯按顺序。
不要挤，不要推，
安全礼让记心里。

小贴士

下楼着什么急呀？小朋友，请按顺序下楼！

不登高搞卫生

　　每个孩子上学后,都要参与班里的卫生值日。为了小朋友的安全,老师和家长都不能要求孩子登高到窗台上去擦玻璃,不能要求孩子上桌子擦灯泡,这些任务应该由老师来完成,这可不是培养孩子懒惰哟!

不登高

公益卫生人人搞,
安全第一要记牢。
不登窗台擦玻璃,
不上桌子擦灯泡。
只是因为年纪小,
如果摔下不得了。
伤筋动骨一百天,
老师责任可不小!

小贴士

　　千万别逞英雄!孩子摔伤了,老师的责任就大了!

捉迷藏场地要平整

小朋友们都爱玩蒙着眼睛捉迷藏的游戏，有的地方管这个游戏叫"瞎猫捉老鼠"。玩这个游戏一定要选好场地，因为蒙着眼睛的同学什么都看不见，所以场地一定要平整，不能有坑，否则，蒙眼睛的同学摔倒出事故就不好了！

捉迷藏场地要平整

"小黄猫"，蒙着眼，
"小老鼠"们跑得欢。
"小猫"捉鼠看不见，
乱抓乱摸团团转。
一只"小鼠"说暂停，
这有土坑咱不玩。
"小猫"啥都看不见，
磕掉门牙怎么办？

小贴士

磕掉门牙吃肉就不香啦，宝宝准得哭鼻子！

不要趴在窗台上

　　家长和老师要告诫小朋友，不要趴在教室的窗台上向外张望，或跟楼下的同学说话。有什么话，走下楼去说。如果窗台不结实，孩子一不小心从楼上摔下去，容易摔伤胳臂、腿，还有可能丧命。同学之间也要互相提醒，如果有的小朋友不听劝阻，要及时向老师报告，请老师把趴窗台的小朋友叫下来。

别趴窗台向下望

学校是座大楼房，
别趴窗台向下望。
要从楼上摔下去，
重者丧命轻者伤！
校园景色很漂亮，
花坛花卉味芬芳。
欣赏美景下楼去，
安全第一记心上。

　　小朋友走两步下楼什么都看见了，趴在窗台上看风景是很危险的！

不在楼下接东西

有的同学把学习用具落在了教室里，懒得上楼去取，让楼上的同学从窗口丢下来，这样做非常危险。接东西的同学仰着头接，很容易被东西砸伤，甚至会被扎瞎眼睛，这种情况不是没有发生过。小朋友要引以为戒呀！

不在楼下接东西

张小飞，一枝笔，
落在教室课桌里。
他让小亮往下丢，
这种做法不可取。
东西抛下速度快，
扎伤小飞多晦气！
小亮帮人帮到底，
高高兴兴送下去。

小贴士

小亮这样做是对的，小飞也可以自己上去取呀！

拒绝玩"斗鸡"

校园里曾盛行一种"斗鸡"游戏，参与"斗鸡"的孩子把一条腿抱起来，互相对撞，把对方撞得腿落地，或把对方掀翻在地就算赢了。这个游戏竞争性很强，也很危险，尤其是在水泥地上玩，被掀翻的孩子容易得脑震荡或把胳膊、腿摔坏。

不当小"斗鸡"

小"斗鸡"，右腿立，
抱着左腿互撞击。
动作粗野很危险，
撞翻容易嘴啃地。
小朋友，做游戏，
大家不当小"斗鸡"，
游戏应当讲文明，
互不伤害增友谊。

小贴士

这游戏危险呀！摔破脑袋就惨了！

不要在楼房跟前走

　　课间和放学路上，不要在楼房跟前走，也不要在楼房跟前玩耍。个别不自觉的人爱从窗户里往外丢东西，楼上的东西掉下来加速度很快，东西落到地面上，有很大冲击力，会把楼下的人砸伤，一个花盆从楼上掉下来，也会把人砸死的！

不在楼前多逗留

风吹花盆掉下楼，
有个小孩楼前走。
花盆掉下似炸弹，
险些砸着小孩头。
小朋友们要记住，
不在楼房跟前走。
游戏、踢球去广场，
楼房前面不逗留。

　　多悬哪！这种险情可不是头一次发生噢！

45

远离校园暴力

　　校园暴力事件时有发生。家长要告诉孩子，要远离校园暴力，不要为一点小事就发生口角，甚至动武。凡事忍让一点，暴力冲突就不易发生。小朋友看见有人打架，又劝阻不了，要及时告诉老师。为了自身安全，小朋友还是离暴力现场远一点好。

看见打架不围观

同学之间讲友谊，
打架动粗不可取。
凡事忍让不是耻，
校园暴力要远离。
遇到矛盾好好说，
谦谦君子不斗气。
看见打架不围观，
快向老师报告去。

　　看到打架的，可以报告老师。在小区也可以向保安报告！

女生要注意

女生在学校一定要注意，不要到男老师宿舍去谈话或者补习功课。如果男老师留女生谈话，一定要约一个同伴等着你，一起回家。女生要在静校前离校，如果时间晚了，男老师要留，要找个理由离开。如果男老师对你动手动脚，要严肃拒绝，想法离去，不要理解成老师像爸爸一样爱你，要看成是对你的不尊重。遇到色狼，斗勇还得斗智，保证自身安全最重要！

女孩子，有尊严

女孩子，有尊严，
防止异性来侵犯。
遇到不轨行为人，
及时离开拒纠缠。
学会识别好赖人，
小心为妙谨防范。
世上还是好人多，
警惕色狼保安全。

这可不是耸人听闻，妈妈们要常嘱咐自己的姑娘噢！

47

放学别回家太晚

　　个别同学放学爱在学校逗留，不按时回家，这很不安全。学校教室很多，藏个不法之徒很容易。回家过晚，路上也不安全，容易成为拐卖儿童的歹徒袭击的目标。因此，小朋友们放学后一定要按时回家。

按时离校早回家

放学啦，静校啦，
按时离校早回家。
三三两两结成伴，
遇见坏人也不怕。
路上捉虫、折花朵，
逗留盘桓危险大。
排成路队最安全，
一个一个送回家。

太阳落山了，小鸟也都回家了，小朋友不要在路边滞留！

戴好小黄帽

孩子的行路安全一定要引起家长的重视，要嘱咐孩子每天戴小黄帽。孩子过马路的时候，头上的小黄帽非常醒目，能引起开车司机的注意。过马路要走人行横道，这样就能避免出交通事故。

小黄帽，保安全

小黄帽是安全帽，
每天上学要戴好。
小黄帽，颜色鲜，
司机老远能看见。
叔叔开车会减速，
车辆停在我面前。
谢谢叔叔让着我，
我跟叔叔说"再见"。

戴小黄帽可不是装样子啊！

不要咬铅笔和橡皮

有的小朋友在思考问题的时候，总爱把铅笔放在嘴里，甚至把铅笔上的橡皮咬在嘴里。这是一个非常不好的习惯，必须改掉。铅笔的外表都涂有漆，漆是有毒的。再说，铅笔和橡皮每天被我们使用，表面附着着许多细菌，把铅笔和橡皮放在嘴里，必然将这些细菌吃到肚子里去，很容易被传染上疾病。另外，铅笔很硬，容易让牙齿变形，使牙齿长得十分难看。

铅笔不是棒棒糖

张小宝，勤思索，
爱把铅笔放嘴边。
还叼橡皮在嘴里，
上面细菌全吞咽。
铅笔不是棒棒糖，
橡皮岂能当糕点？
传染疾病不得了，
定要改正坏习惯。

家长和老师发现孩子叼铅笔和橡皮时，一定要及时制止！

运动安全

游泳、跳水别逞能

有的学校设游泳课，不会游泳的同学一定要使用救生圈等救护设备，并且要在浅水区学游泳。游泳技术不好的同学也不要到深水区游泳。不会跳水的同学不要站到高跳台上去跳水，更不要把小伙伴摁到水里玩耍、打闹。

游泳、跳水别逞能

深水区里来游泳，
要有深水合格证。
没证千万别冒险，
水深能够没头顶。
高台跳水要技术，
不是勇敢就能行。
别把伙伴水中摁，
游泳、跳水别逞能。

小贴士

逞能要受惩罚的！

51

游泳前做准备活动

　　一到游泳池，大家就争先恐后地往水里跳，这样做很危险。岸上温度高，立刻下水，肌肉猛地收缩，腿和脚容易抽筋，抽筋会造成动作紊乱，弄不好会呛水，甚至会呛死。小朋友在游泳前，要做活动筋骨的准备活动，用水往身上擦一擦，让身体慢慢适应水温。

活动筋骨很重要

游泳前，要记牢，
准备活动要做好。
伸伸胳臂踢踢腿，
活动筋骨很重要。
用水身上擦一擦，
不要贸然水里泡。
舒筋活血不抽筋，
然后再往水里跳。

在水中腿脚发生抽筋很疼，也很危险！

遇到有人溺水要呼救

游泳时，难免遇到有人溺水。勇敢地救护别人是好样的，但前提是，你是大人，自己会游泳，而且游泳技术很高。如果大人自己根本不会游泳，莽撞地跳下水去救人是很危险的，我们不提倡这样做，尤其反对儿童下水救人。遇到有人溺水，宝宝要大声呼救，让专业人员救助。

不会游泳别莽撞

游泳池边水碧蓝，
有人溺水大声喊。
宝宝想要去救人，
这样莽撞很危险。
宝宝能够浮水面，
还要使用救生圈。
宝宝可以帮助喊，
施救要靠救护员！

小孩子游泳时不要贸然去救溺水者，这是添乱、帮倒忙！

玩呼啦圈别过度

呼拉圈是一项很好的运动。前几年，盛行玩呼啦圈，常有小朋友比赛看谁转圈多，这种玩法会使小朋友的腰椎因为运动过度造成疲劳性损伤。玩呼啦圈能够达到锻炼身体的目的就行了，不要对身体造成损伤。

玩呼啦圈别过度

小冬冬，小芊芊，
二人在玩呼拉圈。
冬冬转了一百一，
芊芊转了一百三。
呼啦圈，真好玩，
转了一圈又一圈。
别比看谁转得多，
腰椎损伤多遗憾！

小贴士

玩什么也不要过度，运动过量损伤身体就不好了！

别人投掷要远离

体育课设有投掷项目，别人投掷时，观看的同学一定要离得远一点。有的同学投不准，常把手榴弹投偏了，甚至投到后面去。同学们切记，不能站在正面观看别人投掷。

别人投掷要远离

小朋友，练投弹，
投弹项目有危险。
有人投弹有人看，
观看不要站正面。
观众一定离得远，
防止手榴弹投偏。
铁弹要是砸着你，
受伤流血太危险。

小贴士

手榴弹很重，砸着头，命就没啦！

做好准备活动

小朋友上体育课常做前滚翻和后滚翻等垫上运动，这些项目都属于剧烈的运动项目。在做垫上运动之前，小朋友要在老师的指导下认真做活动脖子、手腕、脚腕、腰的准备活动。不然，动作不得要领，颈椎受伤，严重的会造成终身残疾。

小小猴，翻跟头

小小猴，翻跟头，
脖子受伤一边扭。
准备活动不认真，
扭伤脖子把罪受。
老师教导抛脑后，
变成歪脖好难受。
无法抬头不自由，
不能踢球发了愁。

颈椎受伤后果很严重！

56

玩双杠要注意

在校园里，常有两个小朋友用手撑着双杠，身体翻过杠子互相追逐,竞争十分激烈。这项运动蕴含着危险:第一,快速落地容易崴脚;第二，跑不动了，容易将腰部硌在杠子上，造成腰部损伤。喜欢这项运动的小朋友要注意,累了就不要继续追逐了,以免造成伤害事故。

翻越双杠要适度

操场上，有双杠，
四条腿，立地上。
两个孩子来翻越，
追来追去不相让。
你追我，我追你，
翻杠追逐争第一。
太累就要停下来，
疲劳运动伤身体。

小贴士

不要为了得第一而伤了身体！

57

踢球要会保护自己

　　足球场是没有硝烟的战场，足球运动属于剧烈运动。小朋友都喜欢踢足球，在足球比赛中，要学会保护自己，善于保护自己身体的要害器官不受伤害。有时候，宁可手球犯规，也不要受伤。

两个脑袋来相撞

足球场上像战场，
两个球队比赛忙。
巧用战术"二过一"，
双方你争我也抢。
门将得球大脚开，
一脚开到场中央。
为争一个空中球，
两个脑袋猛对撞！

小贴士

　　小朋友这样不管不顾地猛撞，勇气可嘉，可是，这样相撞要受伤的！

打篮球要注意

打篮球互相冲撞比较激烈，队员容易跌倒，人压人摞在一起。孩子身体器官柔弱，要避免被对方球员压在下面。在球场上要学会倒地，让不易受伤的屁股先着地，别用手硬撑地，以免造成手臂骨折。

拼抢要适度

打篮球，很紧张，
一个球，大家抢。
三步上篮很帅气，
带球向前要冲撞。
当后卫，要断球，
使劲拦，拼命挡。
摔倒屁股先着地，
拼抢适度不受伤。

小贴士

拼抢要讲规矩，不要太玩命，摔骨折了就惨啦！

爬竿手脚要并用

很多学校里有爬竿这样的体育器械，有的小朋友喜欢爬竿，但是不懂爬竿的要领，不会手脚并用，甚至在爬到空中时把手松开，这非常危险。另外，玩爬竿时，下面一定要有老师保护。

爬竿要有人保护

小朋友，玩爬竿，
一下一下往上窜。
爬竿一定懂要领，
爬到半空手别松。
老师护佑在下边，
有人保护才安全。
爬竿是项好运动，
锻炼力量和勇敢。

小贴士

这项运动有一定危险性，担任保护的老师一定要认真负责！

60

赛跑不要闭着眼

同学们在体育课上经常参加赛跑，有的同学为了表示自己跑步卖力气，喜欢闭着眼用力跑。其实，闭着眼睛跑步并不能加快跑步速度，而且非常危险，容易撞到旁边人的身上，让两人都摔倒。如果运动场上有风，可以把眼睛眯成一条线，要保证能看清跑道。

闭眼跑步很危险

小朋友，跑得欢，
一齐蹲在起跑线。
枪一响，冲向前，
跑步不能闭着眼。
闭着眼睛会跑偏，
撞倒别人很危险。
如果刮风有风沙，
请把眼睛眯成线。

小贴士

为了提高跑步速度，要保证看清前面的方向！

61

节日安全

别人放爆竹别靠近

　　烟花爆竹是中国人的祖先发明的。放爆竹能增强节日气氛，小朋友都爱放爆竹。每年都有小朋友因放爆竹而受伤。小朋友要注意，别人放爆竹时不要靠近，只能远远地听着，爆竹一时没响不要过去捡，以免爆竹突然爆炸而受伤害。

别人放炮要远离

过春节，真热闹，
跑旱船，踩高跷。
小宝宝，爱放炮，
安全第一要记牢。
别人放炮要远离，
躲在远处站着瞧。
爆竹不响别去捡，
突然爆炸吓一跳！

小贴士

吓一跳是小事，要是突然爆炸崩着你就坏了！

气球会爆炸

　　节日期间，许多公共场合都悬挂气球。小朋友喜爱五彩缤纷的气球，常把气球吹鼓了托着玩，十分有趣。家长一定要告诉宝宝，玩气球时，不要把气球吹得太鼓。不玩了，也要把气球里的气撒光，以免气球突然爆炸，吓着宝宝，使宝宝的耳膜受到损伤。有的气球里面装的是氢气，氢气是可燃气体，在释放气体的时候要让技术工人来操作，防止氢气发生燃烧和爆炸。

五彩气球

五彩气球空中飘，
飞上飞下真热闹。
气球玩过要放气，
气球爆炸像放炮！
氢气球，飞得高，
小心氢气能燃烧。
小孩自己别放气，
要由专业人士搞。

小贴士

　　气球很好看，发生燃烧和爆炸也很危险哟！

63

遇到意外情况时

　　参加游园活动，最怕发生火灾、坏人捣乱等意外情况。一旦遇到这种情况，要听从警察叔叔和工作人员的指挥，千万别乱挤，要紧紧拉着家长的手。如果人流涌动，一定要顺着人流的方向走，不要逆向而行。现场特别混乱时，跟着家长往人少的地方躲，以免被挤倒、踩伤。

遇到紧急情况时

过节游园人很多，
遵守纪律要记着。
紧急情况不乱跑，
哪里人少哪里躲。
不要乱挤乱喊叫，
听从指挥很重要。
人流涌动别逆行，
逆行容易被冲倒。

　　节日发生踩踏事件可不是耸人听闻，遇到紧急情况大家一定要听指挥！

不乱抢赠品

过节时，有些售货摊位在公共场合散发礼品，有些家长带着孩子争着去领，这样非常危险。宝宝自己更不能挤到人群里去抢赠品，宝宝力气小，被挤倒了、踩伤了，就该后悔了。

不贪小便宜

过节摊位发礼品，
摊位跟前人挤人。
有人不顾孩子小，
挤进人群抢赠品。
孩子挤坏大人急，
孩子哭喊伤透心。
宝宝不贪小便宜，
保证健康最要紧。

小贴士

乱发赠品造成混乱的单位也有责任，组织者一定要制止这种做法！

65

庙会香火安全

　　有些庙会在庙宇举办，庙宇里有很多香客烧香拜佛，风一吹，很容易发生火灾，火灾严重甚至会烧伤人、烧死人。所以，妈妈带小朋友去庙会一定要注意：第一，小朋友不要去烧香，要远离烟火弥漫的香炉。第二，如果发生火灾，一定要往空旷的、没有树木和易燃物即火焰烧不到的地方跑。

不要去烧香

庙宇里，香火旺，
小朋友，不烧香。
发生火灾听疏导，
迅速逃离火灾场。
空旷地方最安全，
躲灾还要看风向。
躲的地方能避风，
大火无情勿烧伤。

小贴士

　　灭火是大人的事，不鼓励未成年孩子参与灭火行动。

逛庙会不要挤

　　春节时逛庙会是一大乐事，庙会上会演出精彩的节目，有说相声的，有演小品的，看演出的人很多，不要往人多的地方挤。人多发生意外事件不容易疏散，人挤人，小孩容易被人挤倒，造成意外伤害事件发生。

小孩不去凑热闹

庙会上，人如潮，
相声、小品演得好。
谁都愿意看得清，
爱往戏台底下跑。
你挤我，我挤你，
拥来挤去易摔倒。
小孩不去凑热闹，
挤倒、踩伤不得了！

　　有的家长不计后果，带着孩子往里挤，这样很危险！

67

游园走丢找警察

　　过节时，宝宝常跟着爸爸妈妈或者老师参加游园活动。游园的人很多，一定跟着爸爸妈妈或者老师走。如暂时离开队伍，一定要跟家长或者老师打招呼。走丢了，要找警察，请他们帮助你找到家长和老师，千万不要跟陌生人走。

游园走丢找警察

小宝宝，要记牢，
参加游园别乱跑。
跟着爸妈牵着手，
这样保证丢不了。
跟着老师排队走，
前后是谁要记好。
走丢一定找警察，
陌生的人不能找。

　　走丢了别害怕，警察叔叔和工作人员都会帮助你！

不收生人的东西

过节时，到公共场合参加活动，现场人多，也很复杂，千万不能收陌生人送的礼物，尤其不能要陌生人给的食物。如果陌生人非要给你吃的，接下来后要交给老师或者家长，让大人处理这些食物。

宝宝不当"馋嘴猫"

过节时，很热闹。
宝宝一定要记牢。
鱼龙混杂很难识，
谁是坏人不知道。
生人给啥不能接，
食物更是不能要。
为了安全管住嘴，
宝宝不当"馋嘴猫"。

小贴士

为了解馋而把命丢掉，那可就惨了！

过生日要防火

孩子们都很重视自己的生日，很多小朋友在生日晚会上要吹生日蜡烛。吹生日蜡烛时，蜡烛附近不能有纸和其他易燃物。一旦失火，不要慌，要用湿棉被将火焰捂住。如果扑救不及，小朋友要赶快撤离火场，立刻拨打119火警电话，同时告诉大人来救火。

过生日，要防火

过生日，吹蜡烛，
大人在场要防护。
远离纸与易燃物，
防止火灾要记住。
灭火可用湿棉被，
及时报警别马虎。
发生火灾不要慌，
儿童首先离火场。

记住，火警电话是119！

不能暴饮暴食

过节时，家家都做好吃的。宝宝看到有好喝的、好吃的，常暴饮暴食，不懂得节制饮食，往往造成肠胃负担过重，消化不良。节日期间，小孩子吃坏肚子的事时有发生，到医院打针又吃药，很痛苦。

吃东西，要节制

过节日，做美食，
鸡鸭鱼肉他都吃。
肠胃负担很沉重，
消化不良节日病。
吃东西，要节制，
不可暴饮又暴食。
吃坏肚子很难受，
看病打针把药吃。

小贴士

过节暴饮暴食，为嘴伤身，这样做不可取！

71

接触动物安全

不能招猫逗狗

小朋友一定要注意，不要招惹陌生的猫和狗，尤其不能招惹野猫和野狗。因为猫和狗攻击性都很强，你跟它们逗，它们不知道你是在跟它们玩，一急了就会向你发起攻击。猫和狗身上都带有一些病菌，如果被猫、狗咬伤或者抓伤，很容易得破伤风或狂犬病。

不要招猫逗狗

小花猫，小花狗，
它们是人好朋友。
小朋友，要记住，
别招猫，别逗狗。
小猫、小狗有脾气，
惹它它会大声吼。
急了咬伤你的手，
打针、吃药好难受。

小贴士

猫和狗虽然性格温顺，被惹急了攻击性也是很强的。被猫和狗咬伤，一定要打预防破伤风的针和狂犬病疫苗。

不要让宝宝养鸡鸭

刚孵出来的小鸡小鸭毛绒绒的，非常可爱。但鸡鸭爱得传染病，尤其爱得禽流感，人被传染禽流感将危及生命。另外，鸡鸭随地大便，清洁不能保证。所以，没有专门的鸡舍和鸭舍，不要随便养鸡鸭。城里的孩子千万别拿小鸡小鸭当宠物养。

小鸡小鸭不能养

小鸡小鸭绒毛黄，
宝宝不能在家养。
小时像个小绒球，
样子可爱其实脏。
鸡鸭身上病菌多，
清洁卫生没保障。
还能传播禽流感，
快送它们去农场。

小贴士

城里不是鸡鸭的家，快送它们去农场！

不掏鸟蛋

有的小朋友特别淘气，爱掏鸟蛋。鸟类在繁殖期间，把蛋生在鸟巢里。出于保护后代的本能，鸟妈妈对于胆敢伤害鸟蛋和小鸟的人会进行反击，这时候的鸟妈妈攻击力特别强，能啄伤人的眼睛，甚至让掏鸟蛋的孩子从树上摔下来，造成身体伤残。

鸟妈妈，护鸟蛋

鸟妈妈，很勇敢，
繁殖期内护鸟蛋。
就像母亲护孩子，
千万不要掏鸟蛋。
假若谁敢惹了它，
引起反击招麻烦。
小鸟反抗凶又狠，
啄伤眼睛很危险。

这个时候，鸟妈妈做出任何过激行为都是正常反应。

74

小动物吃食别惹它

许多家庭都养有宠物，告诉孩子，千万不要跟小动物逗。因为宠物与人交流有语言障碍，有时，宠物不理解你在和它玩。比如，在宠物吃食物时，不要拿走宠物的饭碗；在宠物玩耍时，不要拿走宠物的玩具。否则，宠物急了，是会咬人的。

小动物吃食别惹它

小朋友，要注意，
别惹宠物发脾气。
小猫小狗吃东西，
拿走饭碗它生气，
它们玩得很开心，
拿走玩具跟你急。
急了它们要咬人，
你跟哪个去讲理？

小贴士

你不让小动物吃，不让小动物玩，它们还不急呀！

野生动物园讲安全

在野生动物园里可以学到许多关于动物习性的知识，所以，家长爱带孩子逛野生动物园。家长要告诉孩子，不要随便用食物喂动物，以防动物咬到宝宝的手。一般有猛兽出没的地方，都有安全提示牌，家长要注意观看提示牌。家长和孩子要坐在游览车里参观。坐在车厢里参观，猛兽就不能伤害到宝宝。由于家长不注意提示牌，没有提醒孩子，宝宝在猛兽出没的地方下了车，与猛兽近距离接触，就可能发生猛兽伤害宝宝的情况。

注意观看提示牌

参观野生动物园，
安全提示注意看。
坐在车厢不出去，
随便下车有危险。
不要投食喂动物，
动物一般嘴很馋。
咬住宝宝的小手，
非常可能变伤残。

小贴士

近些年，野生动物园猛兽伤人的事件屡有发生。园方固然有提示的责任，作为游客，也应该自觉遵守游园纪律，才能保证自身安全。

跳起叼球不能玩

有的家长让狗狗进行跳起叼球的游戏，主人把小绒球抛向空中，让小狗跳起来叼。有的家长也让宝宝和狗进行这种跳起叼球的游戏，这很危险。弄不好，小狗就会咬到宝宝的手！

这事不能赖小狗

张家小狗会叼球，
主人抛球它来够。
大家叫它明星狗，
主人奖励狗吃肉。
小宝抛球狗叼球，
一下咬到小宝手。
责任都在小宝爸，
这事不能赖小狗。

小贴士

发生这种小狗咬伤宝宝的意外事故不能赖孩子和小狗，责任在家长！

被宠物咬了上医院

很多家庭中饲养了小动物，小朋友因为喜欢宠物，常常抱宠物，和宠物玩，一不小心很可能被猫狗咬伤、抓伤。在发生这种不幸事件后，有的家长只给孩子伤口抹点药，这是非常危险的。家长一定要带孩子到医院去，让医生处理伤口，打预防破伤风和狂犬病疫苗的针，这是起码的要求。

小狗咬宝宝

小黑狗，特别淘，
咬了男孩张小宝。
这下家里乱了套，
孩子哭喊大人叫。
爸送小宝到医院，
各项检查不能少。
为了预防狂犬病，
小宝打针又吃药。

孩子，别怕疼，做各项检查是必须的！

别跟猫狗亲密接触

　　婴幼儿身体抵抗力弱，不要跟猫狗等宠物亲密接触，不要亲吻猫狗。宠物身上有寄生虫，常带大肠埃希菌、葡萄球菌，能传染各种疾病。此外，更不能让猫狗到宝宝的床上去睡觉。

宠物小屋

小猫小狗特伶俐，
身上有菌要清楚。
人类各自有居室，
猫狗要有猫狗屋。
婴幼儿，身体弱，
不跟宠物亲密处。
不许宠物上沙发，
谁也不登宝宝铺。

　　猫和狗一定要有自己的窝！

79

宠物忌妒伤宝宝

　　有的年轻夫妇养宠物，在没有小宝宝前，对宠物宠爱有加。有了小宝宝后，爸爸妈妈把爱心转移到宝宝身上。殊不知，猫狗也有忌妒心。宠物因忌妒会伤害没有反抗能力的婴幼儿，这可不是耸人听闻哟！

猫狗也会忌妒

妈妈有了小宝宝，
宝宝需要细照顾。
每天忙得手脚乱，
忽略猫狗小宠物。
猫和狗，会忌妒，
干的事情太可恶。
宠物会伤小宝宝，
婴孩、宠物别接触。
宠物送到农村去，
不送一定要管住。

小贴士

　　猫和狗也有简单的心理活动，年轻妈妈对自己的宝宝好，猫和狗也会忌妒！

宝宝不去宠物医院

家里养的宠物生病了，家长只能带着小动物到宠物医院去看病，不能把宝宝也带去。宠物医院里的动物很多，有病的动物身上带着各种病菌。所以说，宠物医院是很危险的地方。宝宝如果因为去宠物医院染上病，家长将后悔莫及。

宠物医院不能去

小宝宝，听仔细，
宠物医院不能去。
宠物医院病菌多，
去了疾病传染你。
如果家长不警惕，
染上疾病悔莫及。
家里宠物患疾病，
要与宝宝两隔离。

小朋友想看动物可以去动物园！

不要捅马蜂窝

马蜂是一种非常凶猛的昆虫，它的尾部有一根毒针，毒性很大。一旦被马蜂蜇了，会造成皮肤红肿，中毒严重的，甚至会夺去宝宝的生命。家长一定要告诉宝宝，附近若有马蜂窝，一定要远离，千万别去捅马蜂窝。如果招惹马蜂，把马蜂的家捣毁了，会招致群蜂的攻击，到那时，跑都来不及，会被马蜂蜇得鼻青脸肿。

别逞能

张小宝，爱逞能，
竟敢招惹毒马蜂。
院里有个马蜂窝，
他拿竹竿就去捅。
马蜂群起来攻击，
蜇得小宝满脸肿。
这样不算是勇敢，
我劝小宝别逞能。

小贴士

马蜂虽然是凶猛的昆虫，我们不招惹它，它是不会攻击人的。如果需要把马蜂窝弄掉，应该请昆虫学家和专业人士来操作。

宠物也要讲卫生

如果宠物没地方转移，家长要特别注意宠物的卫生，经常给猫和狗洗澡，并给它们剪趾甲。给猫、狗洗澡的澡盆要与人洗浴的盆分开。只有这样，才能确保宝宝的卫生与安全。

小猫你要常洗澡

小猫你要常洗澡，
为你也是为宝宝。
洗澡器皿要分开，
趾甲也要常剪掉。
猫狗住处要干净，
常消毒来常打扫。
讲卫生，不得病，
猫狗健康宝宝好。

小贴士

由猫和狗传染给宝宝的呼吸道传染病和皮肤病很多，家长不能不小心！

不要让宝宝喂宠物

　　宝宝长大一点，会喜欢宠物，和宠物成为好朋友，但不要让宝宝亲自喂宠物食物。小猫小狗很贪吃，常因为性急而从宝宝的小手里夺食，容易咬伤孩子的小手。

馋嘴猫

宝宝不要喂小猫，
馋嘴猫，嘴巴刁，
跳起夺食动作猛，
咬着小手不得了！
小手咬破宝宝疼，
去看医生要赶早。
为了预防破伤风，
一定要去打疫苗。

　　一旦被猫狗咬着，无论大人还是孩子，一定要到医院去打预防破伤风针和狂犬病的疫苗！

宝宝要善待动物

妈妈要告诉宝宝，小动物是人类的朋友，要善待小动物。不要让宝宝骑在小猫小狗身上，更不要虐待小动物。这样可以避免遭小动物的报复性攻击，避免受到意外伤害。

善待小动物

小冬冬，小璐璐，
大家善待小动物。
小朋友们有爱心，
要与动物好好处。
你要恶意虐待它，
急了它可要报复。
它是人类好朋友，
你对它好它记住。

你对宠物好，它心里会记住你的！

危机时刻安全

发生燃气泄漏时

现在，家庭普遍使用燃气灶。燃气发生泄漏时，房间里会有异常气味。如果孩子一个人在家，所能做的只能是轻轻地打开窗户，让屋里通风，把燃气阀门关上。这时，屋里最怕有明火，连电灯和电器都不要开，不然，会发生爆炸。然后，到室外去打电话给爸爸妈妈。如果爸爸妈妈不能及时回来，请立即找小区维修工师傅来帮助检查。

燃气泄漏不要怕

燃气泄漏不要怕，
窗户打开通风吧。
关上阀门最重要，
屋外给妈打电话。
妈妈不能及时回，
请找师傅来检查。
不要撞击有明火，
不然容易引爆炸。

小贴士

家长如果发现燃气灶有燃气泄漏的苗头后，要立即到物业公司报修！

孩子触电怎么办

　　家里的电线和电器有可能漏电。如果宝宝不小心发生了触电，家长首先要让宝宝脱离电线和漏电的电器，用一根干木棍将电线和电器从宝宝身边挑开是最安全的办法。然后家长立即拨打120电话，请急救中心的医生来救治。如果因为着急，马上去抱宝宝，不但救不了宝宝，大人也会触电。

宝宝触电时

宝宝触电不要慌，
要用木棍来帮忙。
挑开电线和电器，
办法科学少伤亡。
家中电器常检查，
电线线路要正常。
检查使用试电笔，
可请电工来帮忙。

小贴士

电器越来越多，安全用电十分重要！

87

电梯坠落怎么办

　　乘电梯时,电梯快速坠落这种情况很少发生。一旦出现这种情况,是十分危险的。电梯剧烈晃动时,乘梯的孩子要按报警电话,然后背靠电梯壁,双手展开,扶电梯壁,腿弯曲,脚尖着地,这样做可保护腰、腿不受损伤。同时,要屏住呼吸,防止电梯落地时,内脏被震坏。

电梯坠落要注意

电梯急晃报警急,
背靠电梯腿弯曲。
保证腰腿不受伤,
保护关节缓冲力。
要用脚尖来着地,
还要屏气别呼吸。
保护内脏不受损,
科学防护保身体。

这样做身体才免于受伤!

宝宝烫伤怎么办

宝宝不小心把热水瓶弄翻了，脚面被烫伤。这时，妈妈要冷静处理。妈妈可以先用自来水在宝宝的脚面上冲 15 ~ 20 分钟，再用湿毛巾放在烫伤的部位，上面可以放一块冰块，让烫伤处冷却。然后，立即将宝宝送往医院去救治。有人介绍的一些治疗烫伤的偏方并不可靠，不要用抹酱油、香油或者碱水等土法救治，以免发生感染。

小宝宝，被烫伤

小宝宝，被烫伤，
首先家长不能慌。
进行冷却和降温，
冷水冲洗最恰当。
再找医生去处理，
不要乱用土偏方。
有些偏方不可靠，
细菌感染必须防。

小贴士

乱用偏方非常容易造成感染！

孩子溺水时

　　夏天到来时，孩子到野外游泳有可能发生溺水。当溺水儿童呼吸停止时，先要让他的头侧向一边，把肚里的水控出来。如果口中有污物，要先把污物清除掉。家长应该对溺水儿童进行心肺复苏，用手掌平压孩子心口上方，压五次后，大人要嘴对嘴向孩子嘴里吹一次气。注意，孩子的肋骨非常柔弱，不要过于用力，不然有可能发生骨折。反复做多次后，孩子可能会恢复呼吸。同时，要拨打 120 急救中心的电话，请医生救治。

溺水紧急救治

孩子溺水呼吸停，
紧急拨打 120。
控出肚里灌的水，
平压心口五次整。
嘴对着嘴来吹气，
争取时间救生命。
儿童肋骨太柔弱，
按压用力别太猛。

时间就是生命！

遭坏人绑架如何挣脱

　　孩子遭到坏人绑架，有没有挣脱绑绳的机会呢？有。在坏人捆绑孩子时，孩子可以倒背着手，十指交叉，使劲撑着，让小臂往外绷紧，造成肌肉紧张。等坏人不注意的时候，放松手臂，绑绳就很容易脱落下来。

挣脱坏人有办法

遭到绑架别害怕，
倒背双手十指叉。
使劲绷紧让他捆，
放松绳子就开啦。
不要刺激大坏蛋，
寻找机会跑回家。
如果不能逃脱时，
寻找自救的方法。

小贴士

　　斗争要讲策略，别蛮干！

91

学会拨打 "110"

　　小朋友如果在家或者在居住小区里发现行凶、抢劫等干坏事的歹徒，要及时向公安局报警，打匪警电话 "110" 报警是最便捷的报警方法。不过，没有坏人作案可不能随便拨打匪警电话。

"110"

小区来了不速客，
劫持绑架来行凶。
遇事不慌要机智，
与敌斗争把脑动。
打电话，报匪警，
要拨号码 "110"。
警察接到电话后，
抓捕歹徒立出动。

　　警察叔叔有责任保一方平安！

学会拨打 "120"

如果小朋友患了凶险的疾病，又联系不上家长，要学会拨打电话"120"。

打通电话后，要告诉接话员紧急情况和事故发生的地址。注意，如果没有发生上述情况，千万不要打相关电话。

应急电话

应急电话都记下，
遇到情况会拨打。
宝宝安全有保证，
健康成长不用怕。
这些电话很有用，
没有情况不能打。
胡乱拨打担责任，
相关部门要追查。

小贴士

没有发生上述紧急情况，千万不要打！乱打相关电话是要负法律责任的！

小宝宝，别玩火

宝宝独自在家时，挺无聊的，可以看电视、玩游戏机，就是不能玩火，也不要玩打火机、火柴。俗话说，水火无情。如果发生了火灾，不仅家里的财产将被烧光，宝宝的性命也难保！

小宝宝，别玩火

小宝宝，要记好，
一人在家别玩火。
打火机，不能玩，
火柴家长得收着。
水火无情太厉害，
发生火灾没处躲！
发生火灾报火警，
开来灭火消防车！

小贴士

在家中玩火将危及生命安全！

家里失火怎么办

如果家里不幸发生了火灾，宝宝不要慌，假设来得及，要立即跑到卫生间，用水把毛巾浸湿，用湿毛巾把嘴和鼻子堵住，不要让有毒气体把自己熏死。然后，打开房门，逃出去是最好的求生办法。如果有条件，宝宝要立即打"119"电话报火警，让消防队的叔叔来灭火。宝宝如果逃不出去，就躲在卫生间，用湿毛巾堵住嘴和鼻子，等人来救助。

家里失火不要慌

失火第一离火场，
宝宝保命没商量。
告诉大人有火情，
大人报警最妥当。
情况紧急走不了，
急中生智不要慌。
可以卫生间里藏，
湿巾嘴、鼻都捂上。
这样可以防毒气，
等待救援别莽撞。

小贴士

儿童遇到火灾保全生命是第一位的，不能要求儿童当救火英雄。

95

学会拨打"119"

　　火灾发生时，如果来得及，请立即打火警电话，火警电话的号码是"119"。打通电话后，要告诉接线员发生火灾的地址。有人认为打电话报警还不容易？其实，很多人因为慌乱，地址说得不详细就挂了电话，消防人员找很长时间才能赶到，这会延误救火时间，增加救火难度。正确的作法是：要详细说出出事地址的区、街道、小区和门牌号码，以及附近的环境有何特殊标记，以便于消防人员第一时间赶到现场。

火警电话

大火熊熊浓烟冒，
孩子要会发警报。
拨打电话"119"，
火灾地点要报告。
报警定要负责任，
没灾千万别瞎报。
家长告诉小宝宝，
注意事项要知晓。

不会打报警电话就让大人打！

当洪水到来时

夏天暴发洪水时，一般政府都有预警。政府通知转移时，一定要服从命令。小朋友面对洪水不要惊慌害怕，要善于利用一切可以利用的客观条件自救。比如，抱住漂在水中的木头、门板当救生设备，爬上树或房顶，登上窗台抓住窗棂等待救援……都是有效的自救办法。

发大水

发大水，要转移
哪高就往哪里去。
政府通知要服从，
不要固执守家里。
一旦落水别慌张，
门板也能驮着你。
保命舍财要摆正，
自救方法牢牢记。

小贴士

漂在水中的物品都有可能成为救生器材。

97

地震发生时

　　当地震发生时不要惊慌，如果能逃生，立即从房间里逃到外面的空地上，不要乘电梯。遇到房倒屋塌，要往坚固的床底下或者桌子下藏身。如被压在瓦砾中，不要挣扎，要保存体力，等待救援人员来拯救。如果身上有伤，没有条件包扎，可用按压的办法止血。

大地震

大地震，好恐怖，
造成房倒和屋塌。
床底、桌下好藏身，
保存体力别挣扎。
身上有伤要止血，
不能包扎可按压。
如果听到有人声，
呼喊救援别害怕。

小贴士

　　遇到大地震时，首先不要慌！

遭遇海啸

　　海洋中发生地震，有时伴有海啸发生，几十米高的海潮涌到岸上来，会冲毁房屋，造成伤亡。海啸发生时，不要管财物，最重要的是逃生，往高地上跑。身边有漂浮的木头，可抱在怀里当救生圈。

大海啸

大海啸，浪滔天，
好像猛兽冲上岸。
哪高就往哪里跑，
生命第一求安全。
财务、玩具都不要，
活着就比啥都好。
如果有个救生圈，
套在身上海上漂。

小贴士

　　孩子，有命就有一切，先别顾玩具啦！

雪崩发生时

　　参加冬令营的孩子，在山里玩时，一定要警惕雪崩。雪崩发生前有征兆，积雪会发出嘎嘎的巨响，这时要立即往平原转移。如果被滑下的积雪掩埋，一定要拓宽空间，使身边有足够的空气，并想各种办法呼救。用手机呼救是个好办法，能够向救援人员报告你的准确位置。

雪崩

雪山发生大雪崩，
积雪滚滚像巨龙。
若被积雪来掩埋，
手机呼救最管用。
拓宽空间很必要，
空气充裕保生命。
如果呼救没反应，
保存体力别乱动。

救援队员可以根据遇险者发出的手机信号发现遇险者！

碰上泥石流

　　夏天雨季，常常发生泥石流的灾害，能将山坡下的房屋掩埋，造成人畜伤亡。如果你在野外遇到泥石流发生时，要往巨大的稳固的山石后面跑，山石可以将泥石流阻挡一时，延缓泥石流前进的速度。在巨石的掩护下，继续向前逃命，可使你获得生存的希望。

泥石流

大暴雨，倾盆下，
山体滑坡真可怕。
泥石流，滚滚来，
巨石能够阻挡它。
如果巨石不稳固，
请你快速离开它。
借着巨石的掩护，
遇有高冈往上爬。

小贴士

巨石后面也不能待太久，要借着巨石的掩护迅速转移！

天上下冰雹

　　下暴雨时常伴随下冰雹，有的小朋友见天上掉雹子，觉得很好玩，于是到外面去捡。这样做很危险，因为谁也不知道下的冰雹有多大，乒乓球大小的冰雹就能使人头破血流。在外面遭遇冰雹，一定要到能遮挡的地方躲避。

下冰雹

降暴雨，下冰雹，
千万别在外面跑。
及时躲避保安全，
不到外面捡冰雹。
冰雹下降速度快，
砸在头上起大包。
头破血流是常事，
冰雹过大把命要！

小贴士

　　从天而降的冰雹速度很大，很有杀伤力，千万不要掉以轻心！

龙卷风来临时

　　龙卷风是一种可怕的灾害天气。龙卷风发生时，非常壮观，会有一个喇叭形的螺旋形气柱拔地而起。龙卷风是大气中最强烈的涡旋现象，影响范围虽小，但破坏力极大。可不要在外面看热闹呀！龙卷风能把房子彻底摧毁，甚至把路边的汽车吹到很远的地方。龙卷风来临的时候，躲到地下室或者地窖里最安全。

龙卷风力量大

龙卷风，像喇叭，
涡旋形状很可怕。
它的速度非常快，
摧枯拉朽力量大。
能把房屋变废墟，
能把大树连根拔。
最好钻到地窖里，
在外只能沟里趴。

　　龙卷风形成时，最安全的地方是地下室或地窖。

居室安全

防止煤气中毒

　　家住在平房的年轻家长一定要注意，冬天要防止宝宝和全家人煤气中毒。除了给炉子安烟囱，烟囱从里到外一定要顺茬安。为了烟雾不发生倒灌，烟囱头上要安个拐脖。还要在窗户上安装风斗，保持室内空气新鲜。安烟囱和风斗是个技术活，不会要请教专业人员。煤气非常厉害，这对于宝宝和全家人的生命安全至关重要，大意不得哟！

防止煤气中毒

秋天过，冬天到，
预防煤气很重要。
炉子要安铁烟囱，
窗安风斗不能少。
烟囱安装要顺茬，
头安拐脖很必要。
烟囱、风斗合规矩，
这样透气才能好。

小贴士

　　如果家长不会安烟囱可不能瞎安，不能拿宝宝和全家人的生命开玩笑啊！

用好学步车

在宝宝学习走路的时候，为了自己能腾出手来干点活，许多家长给宝宝买了学步车。可是，家长往往忽略了一点，供宝宝走路的地方道路是不是畅通。家具的腿、茶几常常把宝宝的学步车绊倒，让宝宝摔了跟头。如果让宝宝用学步车学走路，一定要保持室内道路畅通。

学步车

宝宝坐着学步车，
迈开小腿走得欢。
谁知道路不通畅，
弄个人倒车子翻。
一下绊住桌子腿，
摔得宝宝哭又喊。
年轻妈妈要精心，
不要只想把活干。

小贴士

宝宝在用学步车学走路时，遇到路不平容易摔倒，而且往往摔得特别重，年轻妈妈不要掉以轻心！

关门别掩宝宝手

　　会走路的宝宝常像个小"跟屁虫"似的，妈妈走到哪里，他也跟到哪里。妈妈一定要注意，关门的时候，要看看后头有没有宝宝跟着，别掩着宝宝的小手。

关门别掩手

张小宝，爱妈妈，
他是妈妈心头肉。
张小宝，学步快，
不用扶着也会走。
他是妈妈小影子，
妈妈上哪跟后头。
"小屁虫"，甩不掉，
关门别掩宝宝手。

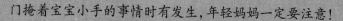

门掩着宝宝小手的事情时有发生，年轻妈妈一定要注意！

开门要言语

现代居室的门很多，会走路的宝宝活动范围不定。有时候，他会走出妈妈的视线，躲在门后玩耍。妈妈在开门的时候一定要言语，通报一下，你要开门，不要把宝宝撞倒，对宝宝造成误伤。

撞个大屁墩

小宝宝，门后藏，
妈妈开门把他撞。
宝宝摔个大屁墩，
粗心妈妈好悲伤。
这事不能怪宝宝，
妈妈开门把话讲。
宝宝应声露形迹，
避免撞倒致误伤。

小贴士

谁小时候都可能被撞过，如果事先通报就会避免这种事情发生了。

不要藏在衣柜里

　　宝宝和小朋友玩捉迷藏时，不要藏在衣柜里。有的衣柜安的是自动锁，风一吹，门容易自动关上。孩子藏在衣柜狭小的空间里，氧气越来越少，会造成窒息。即使衣柜的门安的不是自动的锁，孩子躲在里面，妈妈见门虚掩着，也会顺手将衣柜的门锁上，造成孩子窒息。孩子长时间待在黑洞洞的衣柜里，也会因为恐惧而受到惊吓。

不要藏在衣柜里

小宝宝，爱游戏，
玩耍别藏衣柜里。
衣柜安的是撞锁，
反锁柜门很恐惧。
孩子容易受惊吓，
也易缺氧而窒息。
孩子玩耍在明处，
处在妈妈视线里。

　　孩子玩耍处在家长的视线里非常重要，这样能确保孩子的安全。

宝宝不开热水器

　　洗澡间里安有热水器，宝宝见家长一拧热水器的水龙头，莲蓬头里就喷出水花，觉得很有趣，可能会自己去开，这非常危险。宝宝不会调节水温，易造成烫伤。热水器的水龙头一定要妥善放置，不洗澡时要把洗澡间的门锁好。

宝宝不开热水器

莲蓬头，高高悬，
宝宝见了好奇怪。
妈妈一开水龙头，
莲蓬头中水出来。
宝宝洗澡好痛快，
宝宝不可自己开。
烫着宝宝不得了，
宝宝一定记心怀。

小贴士

　　控制热水器的水温，妈妈也得熟悉一段时间呢，宝宝就更难掌握了！

小宝宝别在浴缸洗浴

现在，居室环境越来越好，许多家庭的浴室里安了浴缸。成人工作了一天，在浴缸里泡个澡，很舒坦。但是，千万不要让小宝宝在浴缸里独自洗澡。洗澡的水温很高，产生大量的水蒸气，让浴室里的温度会骤然上升。小宝宝洗的时间长了，容易感到胸闷，会晕倒在浴缸里，导致溺水。另外，小宝宝不会自己调水温，水温过高，也容易把宝宝烫伤。

小宝宝洗澡

小宝宝，爱清洁，
两天定洗一次澡。
妈妈一边洗衣服，
宝宝浴缸里面泡。
这样做，很危险，
水温很高易晕倒。
宝宝不会调水温，
烫着宝宝不得了！

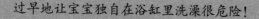

过早地让宝宝独自在浴缸里洗澡很危险！

不拧燃气灶开关

　　妈妈做饭时，一拧燃气灶的开关，灶眼里就会冒出蓝色的火焰，宝宝一定觉得很神奇。妈妈要告诉宝宝，千万不要自己去拧燃气灶的开关。不然，有可能造成火灾，或者燃气中毒。另外，妈妈做饭时，不要让宝宝进厨房。

燃气灶

厨房安有燃气灶，
使用燃气真方便。
燃气灶，冒火焰，
又能烧水又煮饭。
操作燃气有技术，
宝宝不要动开关。
操作不当易出事，
中毒、失火有危险。

小贴士

宝宝只能长大才能开关燃气灶！

不要晃动液化气罐

　　有的地区用液化气罐作为能源，在做菜的时候，突然没有燃气了。有的人拼命地晃动液化气罐，这样可以晃动出来一些残存的燃气，让燃气灶继续燃烧，将一顿饭做完。但是，这是违规的操作方法。在晃动的过程中，会产生很多燃气，也会让大量燃气飘散到空气中，弄不好会发生爆炸。大一点的孩子，难免自己开灶热饭。告诉孩子，千万不要违规使用液化气。

不要晃动液化气罐

李小帆，把灶点，
自己动手来热饭。
谁知火焰渐渐弱，
原来液化气用完。
猛晃动，大气罐，
奶奶曾经这么干。
这样操作是违规，
容易爆炸很危险！

小朋友，千万不要这样操作！

别动妈妈的化妆品

　　现在的女士都要化妆。告诉宝宝，不要动妈妈的化妆品，因为有的化妆品里含有激素和铅。激素能让宝宝性早熟，影响宝宝发育。化妆品里的铅容易造成儿童铅中毒。除了提醒宝宝不动化妆品，妈妈最好把化妆品放在孩子够不到的地方。

别动妈妈化妆品

小小孩子要记住，
不动妈妈化妆品。
化妆品里含激素，
还有金属铅成分。
激素让孩性早熟，
影响发育叫人愁。
触铅容易铅中毒，
吸收容易难排出。

小贴士

年轻妈妈要看管好自己的化妆品哟！

113

儿童房的灯光别太乱

现在，居室条件好了，有的家庭有孩子的儿童房。儿童房的灯光既要有一定的明亮度，又要柔和。如果室内光线太强了，或者灯具过多，再加上有人为好看，用红绿彩灯照明，这些都会刺激宝宝的视网膜，影响宝宝的视力正常发育。

儿童房的灯光

儿童房里灯泡密，
又变红来又变绿。
宝宝看了心欢喜，
其实这样不可取。
灯光只是来照明，
眼花缭乱怎可以？
虽然奇特又美丽，
对儿童发育很不利。

小贴士

儿童房又不是游乐场，弄得眼花缭乱的干什么？

卧室不养花

养花既是为了美化居室，也是为了清洁空气。但是，卧室养花起不到净化空气的作用。晚上，花不能进行光合作用制造氧气，还吸收氧气，呼出二氧化碳，所以，卧室不能养花，儿童房更不能养花。妈妈要把花盆放在晒台上，不然，花会和睡觉的宝宝争夺新鲜氧气。

卧室不养花

家中养花为美观，
也为室内空气鲜。
绿叶进行光合作用，
释氧吸收二氧化碳。
花盆别放卧室中，
要求放在晒台间。
卧室养花不科学，
夺氧影响人睡眠。

小贴士

快把花盆放到晒台上去吧！

养花卉要防中毒

有些花很好看,但它们分泌的液体是有毒的。像夹竹桃、一品红、水仙、虞美人、马蹄莲、五色梅、夜来香、含羞草、郁金香等都有毒。当花折了以后,不要让宝宝拿着玩,很多分泌白浆的花的茎叶有毒。为了宝宝自身的健康,一定不要拿着折断的花玩耍。

防止花卉中毒

有的花儿很美观,
它的毒液看不见。
五色梅和夜来香,
夹竹桃与马蹄莲;
郁金香和虞美人,
有一品红和水仙。
它们枝叶有毒素,
一定不要拿着玩。

想不到吧? 有的花也有毒!

宝宝过敏少养花

有的宝宝的体质属于对花粉过敏的体质，闻到花粉就打喷嚏、咳嗽。还有的宝宝皮肤过敏，春天花开季节，皮肤痒，很难受。这样的家庭最好少养花或不养花。如果想养花，最好事先请教专家，了解什么花不会引起宝宝身体的不适，然后再养。

小冬冬，得了病

小冬冬，得了病，
打起喷嚏老不停。
妈妈以为是感冒，
给他吃药总不好。
妈妈带他到医院，
医生让他戴口罩。
原来病源是花粉，
诊断说他是过敏。

小贴士

切断过敏源是有效的治疗手段。

烤火别离火太近

　　冬天，一些地方还用火炉取暖。用火炉取暖的家庭，家长要常常告诫孩子，取暖的时候不要离火炉太近。离火炉太近，容易困倦，突然栽倒在炉子上，容易发生烧伤。同时，太热了，出门时容易着凉感冒。

小火炉

冬天到，北风吹，
数九寒天雪花扬。
我爷爷，生火炉，
火炉让人暖洋洋。
听爷爷，讲故事，
爷爷爱讲《封神榜》。
离火炉，别太近，
防止感冒和烧伤。

　　孩子们，听爷爷讲故事别离火炉太近！

宝宝别在地毯上爬

　　许多家庭的居室里铺了地毯，家长常让不会走路的宝宝在地毯上尽情地玩耍，认为这样很安全，宝宝摔不着。其实，地毯的毛里布满了灰尘，每 100 克灰尘里就有 50 万个螨虫排泄物颗粒。幼儿吸入这些颗粒，会患过敏性鼻炎。

柔软的地毯

柔软地毯有绒花，
宝宝爱在上面爬。
地毯虽然很柔软，
其实肮脏落尘沙。
暗藏病菌看不见，
外面油污带回家。
地毯里面螨虫多，
吸进爱把喷嚏打。

小贴士

　　地毯的绒毛里有无数看不清的病菌和螨虫！

桌椅要圆角

　　小朋友爱跑又爱跳，所以，家中的桌椅最好选择圆角的。暖气片如果有尖锐的棱角，一定要装上暖气罩。没有装修的家庭，也要在有棱角的暖气片上放上柔软的垫子，防止孩子跑跳时磕伤。

家具圆角多

小宝宝，很活泼，
跑来跑去不闲着。
带棱暖气铁片片，
家庭家具尖角多。
暖气片上放软垫，
暖气片外要罩着。
小孩爱跑又爱跳，
这样不会被磕着。

小贴士

　　每年带有尖角的家具和暖气片磕伤孩子的事件不少，要引起家长的重视。

宝宝不要摸暖气片

暖气是北方冬天取暖的设备，有的暖气片很烫。人要是触摸暖气片，很容易把皮肤烫伤。妈妈要告诉宝宝，千万不要随便摸暖气片。有的家长为了让孩子暖和，竟然让宝宝坐在暖气片上，这也是不可取的。为了让宝宝大小便，许多家长让宝宝穿开裆裤，让宝宝坐在暖气片上，容易把宝宝的小屁股烫伤。再说，宝宝坐在暖气片上，出门又很冷，由于温差太大，容易造成宝宝感冒。

宝宝不要摸暖气片

冬天到，北风寒，
室内装有暖气片。
暖气烧的温度高，
宝宝触摸有危险。
宝宝坐在暖气上，
烫伤屁股怎么办？
皮肤起泡红又肿，
宝宝疼痛哭又喊。

小贴士

北方暖气片烧得很烫，足以烫伤宝宝的小屁股！

坐在转椅上别乱转

有的家长在书房里放了转椅。这种转椅跟公园里的转椅可不一样，它是为了转身、取物方便而设计的一种家具。有的宝宝觉得坐在转椅上转很好玩，就没完没了地转，这样做十分危险。因为这种转椅的椅圈是安在一根有螺纹的铁柱上的，椅圈下面的螺母转到铁柱的顶上，椅圈就会掉下来，把坐在椅圈里的宝宝摔下来，轻者吓宝宝一大跳，重者会摔伤宝宝。

坐转椅，别乱转

书房里，有转椅，
转椅能转宝宝喜。
坐在椅圈转没完，
这样玩耍很危险。
螺母转到柱顶梢，
椅圈掉下摔宝宝。
宝宝鼻青脸又肿，
疼痛难忍哭又闹！

转椅是家具，不是玩具！

儿童房装修要简洁

　　家长们都很重视儿童房的装修。其实,儿童房装修简洁、明快、安全、通透、环保就是成功了,这样装修对孩子的身心健康都有好处。需要强调的是,儿童房装修使用的材料一定要环保,不要含有害物质,甲醛超标易使孩子得白血病等疾病。

儿童房

购新房,要装修,
装修风格别花哨。
儿童房,要简洁,
建筑材料要环保。
里面不能含甲醛,
装后通风不可少。
有害物质如超标,
孩子得病怎得了?

太花哨了对儿童身心健康没好处!

藏好家里的毒鼠强

毒鼠强是一种毒性极强的灭鼠药，由于毒鼠强使用和放置不当，造成儿童误食毒鼠强的事件屡有发生。毒鼠强是一种结晶体，很像砂糖。家长要告诉宝宝，不是所有结晶体都是砂糖，这种结晶体就是毒老鼠的毒药。放置毒鼠强也有学问，家长不要把毒鼠强放置在儿童能够到的地方，因为家长不可能总看着孩子，要防止孩子在家长不在身边的时候误食毒鼠强。

毒鼠强不是糖

毒鼠强，毒性强，
结晶样子像砂糖。
把它放置角落里，
老鼠吃它会遭殃。
告诉宝宝别动它，
如果误食会死亡。
不用不要放明处，
妥善保管不要忘。

除了毒鼠强，其他有毒性的东西也要保管好！

别用饮料瓶装杀虫剂

有的人家里常用一些杀虫剂来毒杀蚊虫，因此杀虫剂的保管与储藏就成了大问题。有的杀虫剂是家长随便用个饮料瓶从居委会灌来的。这样做会带来极大的安全隐患。家中的幼儿往往根据瓶上的装饰与商标，来判断瓶里装的东西能不能喝。用饮料瓶装杀虫剂很容易让宝宝认为瓶里装的是"甜水"而误饮了杀虫剂，造成中毒事件的发生。所以，千万不要用饮料瓶装杀虫剂。

别用饮料瓶装杀虫剂

喷雾器装杀虫剂，
灭蚊虫用喷雾器。
杀虫药水有毒性，
剩余药水严管理。
不让孩子摸得着，
别装饮料瓶子里。
如果使用饮料瓶，
难分饮料与毒剂。
宝宝不识真与假，
误饮中毒酿悲剧！

小贴士

杀虫剂的管理问题在农村尤为突出！

毒饵不能吃

有的居室闹老鼠，为此，有的居室主人下了夹子夹老鼠。有的小区为了消灭老鼠，在草坪、墙角下了毒饵毒老鼠。由于要吸引老鼠上当，所以毒饵往往用好吃的食物做成。比如，有的毒饵用油条、花生蘸药。家长在放毒饵前一定要告诉宝宝，放在老鼠夹子上的毒饵和老鼠必经之路上的毒饵虽然很香，但不能动，更不能吃。宝宝要是不听话，老鼠夹子会把宝宝的小手夹住，误吃毒饵会把宝宝毒死。

千万不要吃毒饵

家中老鼠真可恶，
糟蹋粮食咬衣服。
爸爸下了老鼠夹，
夹有毒饵引老鼠。
还用油条蘸毒药，
放在老鼠必经路。
宝宝千万别动饵，
误食一点准中毒！

小贴士

家长在饵上蘸药的过程可以让宝宝看见，告诉他这是毒药，能药死人！

雷雨天不要打电话

雷雨天在室外要防雷击，即使在房间内也要防雷击。家长要嘱咐孩子，这时，要把窗户关紧，防止招来球形闪电。不要往外打电话，也不要打手机，以免把雷电引进来，把电视、电脑、空调的电路切断。不要触摸金属的管道和电线，要停止一切电器的使用。告诉孩子，不要为了看雨而去触摸金属的窗户框子，以免招来雷击。

室内也要防雷击

雷雨天，风雨狂，
室内也要把雷防。
电话、手机不能打，
招来雷击很可怕。
电视、电脑断线路，
不能触摸金属窗。
金属管道和电线，
不去触摸没商量。

小贴士

不要认为在屋里就万无一失啦！

小区安全

上下电梯要注意

　　电梯是上下楼不可少的工具，没有操作员的电梯，不要让宝宝自己上下，要由家长带着宝宝乘电梯。电梯关门后就不要强行上梯，以免被门夹着，也不要为了挤进电梯而扒门，那样很危险。宝宝乘电梯时，不要随便动操作电梯的按钮，也不要在电梯间玩耍。

坐电梯

上下楼，乘电梯，
电梯停稳再上去。
电梯不是游乐场，
不能在此做游戏。
电梯关门别再上，
小心铁门夹着你。
没有大人先别上，
安全乘梯牢牢记。

小贴士

千万不要在电梯间玩捉迷藏！

等电梯停稳再上

有的小朋友很冒失，见电梯的门打开了，就往里冲，这非常危险。有时候电梯失灵，门打开了，电梯间的箱斗并没上来，也就是说，里面是悬空的。如果你不看仔细了就往里走，就会一脚踏空，掉进电梯的深井里，发生伤亡的悲惨事件。另外，电梯上来后，一定要等电梯门完全打开了再上，不要着急。不然，被电梯门夹住，也容易发生事故。

乘电梯

小奇奇，性子急，
早晨起来乘电梯。
电梯铁门刚打开，
他就迈腿要进去。
后面有人拽住他，
回头一看是阿姨。
原来电梯出故障，
电梯门开没箱体。
要是奇奇迈进去，
掉进电梯深井里。

小贴士

电梯的井道很深，踏空迈进去，一定会摔死！

129

电梯遇歹徒要智斗

在电梯里遇到歹徒怎么办？电梯间是狭小、封闭的空间，电梯间人多时，歹徒不会作案。当电梯间只剩一个女孩时，往往是歹徒下手的机会。如果事先发现电梯间有歹徒，女孩要随其他乘客在别的楼层下梯。小女孩上电梯后最好守在电梯靠近开关的地方，面朝里面，当歹徒下手时，可以把所有按钮都按下，每当门打开时，发现该层有乘客，立即向这名乘梯者呼救。

电梯间有隐患

电梯是个小空间，

狭小封闭有隐患。

如果怀疑有歹徒，

下梯时间可提前。

歹徒疯狂不要慌，

抢包击打抢时间。

所有按钮都按下，

见机逃跑勿周旋。

当然，也不要怀疑一切，看谁都像歹徒！

不要钻楼区地下室

现代化的小区里都建有地下室。地下室结构十分复杂，像迷宫一样，有的小朋友好奇，钻进去可能一时找不到出口，出不去了，会感到十分恐惧。另外，有的社区把地下室租给商贩当储藏室，商贩不知道有孩子钻到地下室来，锁上门就走。这时，你想出来就难了，喊也没人听见。再说，商贩中什么人都有，如果你受到意外伤害，地下室又没别人，连个报警的人都没有。楼群外的天地那么宽，干吗非到黑洞洞的地下室去玩呀？

地下室像迷宫

地下室，黑洞洞，
道路弯弯像迷宫。
有的当了储藏室，
货物堆积像山岭。
地下室里很复杂，
暗藏坏人也可能。
宝宝不去地下室，
你的安全有保证。

小贴士

有的地下室成了藏污纳垢的地方，甚至有坏人在那里藏身。

宝宝不要乱爬树

有的小区绿化很好，有很多树木。有的男孩非常淘气，模仿影视剧中的演员，趁家长不注意，爬到树上去玩。这样做，不仅对树木是摧残，对宝宝的安全也十分不利。有的树木看起来很粗，实际上树枝和树干里面长得不实，孩子爬上去，容易造成树枝折断，孩子被摔下来。孩子爬上去了，即使没有发生危险，也不要鼓励他，而要给予适当的批评。

宝宝不要乱爬树

小宝宝，很淘气，
总爱模仿影视剧。
看见演员会爬树，
他也学着爬上去。
"咔嚓"一声树枝断，
宝宝摔个嘴啃地！
孩子脸上破了相，
爸妈心里多着急？

小贴士

每年孩子因上树掉下来造成伤残的案例不少，要引起家长们的重视！

传达室是干什么的

现代化的小区都有传达室，传达室里设门卫。传达室的工作人员一般都由保安来担任，他们负责保卫小区的门户。小区来了陌生人，都要受到他们的盘查。还有，邮递员把外面的人寄来的信件、各家各户订的报纸和杂志也先交给传达室，由传达室的人再分发到各家的报刊箱里。如果你订的报刊没拿到，可以到传达室去查询。同时，如果在小区发现了不三不四的陌生人，也应该向传达室的保安叔叔报告。

小区传达室

小区门口传达室，
叔叔那里把班值。
收信件，发报纸，
来往客人报姓氏。
社区发现可疑人，
及时报告传达室。
宝宝太小别冲动，
保安出动去跟踪。
大家齐心又合力，
小区安全有保证。

小贴士

不鼓励儿童与坏人进行面对面的斗争，儿童在小区发现情况可以及时向传达室的叔叔报告。

陌生人尾随找保安

宝宝在小区里玩耍，如果发现陌生人尾随你，不要怕。这时千万不要往家跑，以免陌生人知道你在哪里居住。要往小区里有保安的地方跑，把发生的情况告诉保安。保安叔叔有责任弄清这个人的身份，确保你的安全。

陌生人

陌生人，尾随你，
不动声色别恐惧。
沉着冷静来应对，
不能马上回家去。
不让生人知你家，
哪有保安到哪里。
报告保安"有情况"，
保安叔叔保护你。

我们的保安就是保卫小区业主平安的。

饮食安全

小心鱼刺扎着宝宝

　　鱼含有丰富的钙，多吃鱼有利于宝宝骨骼的发育。鱼身体里有很多鱼刺，很容易卡在喉咙里。妈妈要把鱼刺剔干净，再让宝宝吃。一旦鱼刺卡在喉咙里，一定去医院救治。喝醋等偏方顶多能软化鱼刺，但短时间鱼刺取不出来，不能根本解决问题。

鱼刺扎在喉咙里

宝宝爱吃小鲫鱼，
鲫鱼刺多不好剔。
妈妈绝不嫌麻烦，
剔除干净再给你。
鱼刺卡在喉咙里，
宝宝难受总哭泣。
喝水喝醋都没用，
不如赶快去就医。

小贴士

　　快去医院吧，不要等造成严重后果再去医院！

不能多人用一勺

宝宝不会自己吃饭，有的托儿所阿姨把饭盛在碗里，然后用一把小勺轮流喂每个孩子。这样做很不卫生，如果一个孩子患肠胃疾病，就会传染其他孩子。妈妈发现这种情况，有权向幼儿园领导报告，制止这种多人用一勺的现象。

吃饭各用各的碗和勺

小宝宝，记得牢，
吃饭各用各的碗和勺。
病从口入很危险，
多人一勺我不要！
宝宝太小记不住，
年轻妈妈应知道。
托儿所里喂孩子，
不能大家用一勺。

如果托儿所里还这样喂孩子，年轻妈妈有权向幼儿园提出意见。

饭前便后要洗手

宝宝一定要养成良好的卫生习惯，饭前便后一定要洗手。这是因为，大便里有许多病菌，便后手上也难免带有许多病菌。如果不注意饮食卫生，就会病从口入。所以，宝宝要记住，饭前便后一定要洗手，才不容易得痢疾和肠炎。

饭前便后要洗手

讲卫生，懂文明，
饭前便后要洗手。
大便里面有病菌，
手上也常有污垢。
使用香皂洗手液，
要把泡沫全冲走。
宝宝健康不得病，
全家老少乐悠悠。

小贴士

宝宝健康是全家最快乐的事！

纯净水要纯净

　　松松一家都喝纯净水，没想到这两天家人却得了肠炎，松松也没能幸免。冬冬家喝的是烧开的自来水，什么事也没有。原来，松松家买的纯净水是冒牌货，装纯净水的水罐含有大量大肠埃希菌。所以，买的纯净水一定要干净。现在，城市里供应的自来水一般都是合格的，可以烧开了放心饮用。

大水罐

大水罐，蓝又蓝，
表面干净又好看。
消毒不好没有用，
因为病菌看不见。
纯净水要买正品，
冒牌产品不安全。
内含病菌千千万，
能把疾病来传染。

　　买纯净水得买正牌的，冒牌货还不如自来水呢！

婴幼儿食品要买正牌产品

婴幼儿食物中毒事件屡有发生，杜绝这种现象最好的办法是给婴幼儿吃的食品一定要买正规厂家的正牌产品。购买时一定要看清食品的保质期，过期腐败的食品千万不要给宝宝吃。

这种便宜咱不占

要给宝宝买奶粉，
商店促销卖得贱。
没有商标保质期，
这种便宜咱不占。
吃了劣质过期奶，
易染疾病留祸患。
占小便宜吃大亏，
这种事情不能干！

小贴士

宝宝的身体是第一位的，这点钱不能省！

病死禽、畜不能吃

　　村里死了家畜或家禽，有的家长图便宜，买回家吃，这非常危险。因为死家畜和死家禽都带有病毒或病菌，吃了以后，很可能染上各种疾病，甚至会中毒而死。病死禽、畜的肉更不能给宝宝吃，他们免疫力差，更容易得病。

死禽、畜不要吃

死家畜，死家禽，
带有病毒或病菌。
宝宝吃了会中毒，
得了疾病很痛苦。
死了禽、畜要掩埋，
杜绝病菌传染源。
疾控中心防守严，
彻底消毒保平安。

　　疾控中心有消毒的职责，医生不嫌麻烦。

吃瓜果要削皮

瓜果的皮本来营养很丰富，但在瓜果生长的过程中，使用了大量化肥和农药。瓜果成熟后采摘下来，有些瓜果皮上的农药和化肥残留物严重超标。宝宝吃下带皮的水果对身体非常有害，甚至会造成中毒。所以，生吃瓜果要把皮削掉。

吃瓜果

瓜果皮，营养多，
吃了本来很有益。
瓜果生长施农药，
残留农药在表皮。
吃下果皮易中毒，
口吐白沫很危急。
为了宝宝不中毒，
吃前表皮要削去。

小贴士

农药残留物造成的后果很严重，不要掉以轻心！

蔬菜吃前去残毒

　　蔬菜和水果一样，收获后上面也会有农药和化肥的残留物质，这样的蔬菜不能给宝宝吃。有些蔬菜如小白菜、芹菜等不像水果，可以削皮，用水浸泡不少于 10 分钟，可以有效地去除农药和化肥的残留物质。对带皮的蔬菜如黄瓜、茄子、西红柿等可以去皮，这样，宝宝吃了，既可口又安全。

农药残毒要去掉

蔬菜上面有残毒，
不能直接喂宝宝。
不要马虎和大意，
宝宝中毒不得了。
宝宝妈妈应知道，
蔬菜炒前要浸泡。
黄瓜、茄子、胡萝卜，
吃前一定把皮削。
农药残毒去除掉，
宝宝吃了身体好。

浸泡过的蔬菜就可以放心吃了。

不要引诱宝宝喝酒

有的家长号称是"酒坛子",吃饭时常喝点酒,有时也让宝宝喝一口,这样做很不好。酒精对脑神经损伤很大,据文史资料显示,唐代大诗人李白借酒能写出优美的诗篇,他的儿子却是弱智,很可能是酒精对李白的脑神经造成了损害,李白把这种基因遗传给了孩子,这是很可悲的事情。

宝宝喝酒很不好

喝杯酒,轻飘飘,
酒伤神经损大脑。
有的家长常饮酒,
喝醉撒疯瞎胡闹。
爸爸贪杯影响坏,
这个习惯传宝宝。
老爸喝酒孩子尝,
宝宝喝酒很不好。

自己贪杯还影响孩子,这就错了!

不要躺着吃东西

有的小朋友爱躺着吃东西，这是很不好的习惯，尤其不能躺着吃果冻、糖果和比较硬的食物。因为这样做，容易把食物吞到气管里，造成窒息，危及小朋友的生命。在床上吃东西，也容易把食物残渣落在床上，招惹蟑螂和螨虫。睡觉前吃东西，食物残渣会在口腔里变酸，腐蚀牙齿，对牙齿造成损坏。另外，睡觉前吃零食，还容易胀肚，食物滞留在胃里，不得消化，影响睡眠质量。

别在床上吃零食

小懒虫，要注意，
别在床上吃东西。
食物残渣爱招虫，
掉进气管要窒息。
睡前也别吃零食，
残渣变酸伤牙齿。
吃完就睡伤肠胃，
懒惰伤身真不值。

这是非常不好的生活习惯，必须改掉！

少吃辛辣食物

有的妈妈爱吃辛辣食物，孩子只好随家长，也常吃辛辣食物。食用过量辛辣的菜肴容易上火，造成大便不通畅，还容易使孩子得痔疮。家长应该给孩子安排一些清淡的饭菜，不能只图自己快活。

宝宝饭菜要清淡

宝宝饭菜要清淡，
辛辣饭菜要少沾。
吃辣椒，易上火，
发生肛裂排便难。
小小年纪得痔疮，
既受罪来又难堪。
上火容易长痤疮，
脸上长包多难看。

小贴士

吃辣椒容易刺激食欲，可坏处也不少，不要过多食用，尤其是小孩子，更要少吃。

145

街头爆米花不要吃

　　街头常有卖爆米花的小贩出没，妈妈就拿一些米让这些小贩来爆米花，给宝宝吃。这些小贩的爆米花机的金属锅内壁有含铅层，经他们爆出的米花，含铅量严重超标，会对孩子身体造成多种危害。铅中毒会对消化、神经、呼吸和免疫系统产生影响，甚至严重损坏孩子的大脑，影响孩子智力。

爆米花机

里弄里，大街上，
爆米花机砰砰响。
爆出米花你别吃，
里面含铅已超量。
影响消化和智力，
为嘴伤身不应当。
宝宝要想身体棒，
管住嘴巴保健康。

谁愿意当弱智孩子呀？还是管住嘴巴吧！

吃扁豆要炒熟

有的学校食堂曾经发生过扁豆中毒事件,这可不是耸人听闻哟!

扁豆角是一种常吃的蔬菜,炒熟或者煮熟后凉拌吃都可以。但家长不一定知道,扁豆里含有毒素,烧熟后,毒性会化解。宝宝误食大量生扁豆,中毒后会恶心、呕吐,甚至会有生命危险。因此,吃扁豆一定要炒熟。

不能吃生扁豆

扁豆不是豇豆角,

不能生吃牢牢记。

如果发现扁豆生,

一定重炒别大意。

生吃扁豆要中毒,

危及生命太恐惧。

恳请师傅再炒熟,

师傅不会不愿意。

生扁豆是一定不能吃的,请师傅再炒不是挑剔。

不要只喝饮料

市场上出售很多种甜甜的饮料,孩子们都爱喝。其实,光喝饮料,对身体并不好。饮料的糖分过多,喝多了易发胖,肥胖不是健康的表现。有些孩子很小就得了高血压、糖尿病,与摄入过多的糖有很大关系。

白开水

白开水,没味道,
却是上等好饮料。
每天多喝白开水,
保证宝宝身体好。
有人只饮甜饮料,
这种习惯要改掉。
甜饮料,易发胖,
容易诱发血压高。

小贴士

白开水是最上等的饮料。

不吃果子狸

人们对前些年"非典"风波记忆犹新，科学家有一种说法，非典型肺炎的直接传染源是果子狸，这种说法没得到证实。家长不要为饱口福，带宝宝到餐馆去吃果子狸和其他野味。野生动物能传染什么疾病，人们不完全清楚。万一传染上难治的疾病，后悔就来不及了。

不当馋嘴娃

前些年，闹"非典"
至今不知传染源。
有人说是果子狸，
人们吃它为解馋。
其实不赖果子狸，
为啥非得要吃它？
野生动物应保护，
传播途径堵住啦。
人不吃它就没事，
宝宝不当馋嘴娃。

小贴士

说果子狸是非典型肺炎的传染源只是其中一种说法，没有定论，关键还是不吃野生动物为妥。

149

运动回来别急着喝水

孩子常常玩得满头大汗，回到家里猛喝一通水。这样做，对身体很不好。刚刚运动完的人，内脏各个器官都处于极度亢奋的状态，猛喝水会使食管、气管受到伤害，甚至会引起胃痉挛。

一口一口慢饮水

宝宝游戏出大汗，
口渴嗓子要"冒烟"。
跑回家来猛喝水，
伤害食管和气管。
回到家后喘口气，
坐在沙发落落汗。
一口一口慢饮水，
不会引起胃痉挛。

猛喝水也容易呛着。

吃饭不挑食

吃饭挑食是个不好的习惯。有的小朋友顿顿要吃肉，一点蔬菜也不吃：有的小朋友不爱吃胡萝卜、芹菜、大白菜：还有的小朋友只吃大米、白面这些细粮，小米、玉米这样的粗粮一口也不吃。这样做很不好。小朋友偏食会造成营养不均衡，影响身体健康。

吃饭不挑食

胡萝卜、大白菜，
有营养，人人爱。
馒头、米饭香喷喷，
玉米面窝头吃起来。
粗粮、细粮离不开，
鱼、肉、蔬菜我都爱。
妈妈夸我不挑食，
营养均衡长得快。

小贴士

过节管住嘴，不得病，就不会跑医院去打针、吃药啦！

不吃生西红柿

　　西红柿又酸又甜，营养丰富，宝宝爱吃，大人也爱吃。这里说的生西红柿是指没长熟的西红柿。没长熟的西红柿含有龙葵碱，有毒，人吃了会感到恶心，想呕吐。蒂附近红透的西红柿才是长熟的。西红柿切开来，里边的籽如果是绿的，那是催熟的，只能熟吃，不能生吃。

西红柿

西红柿，红艳艳，
又好吃来又好看。
切开绿籽不要吃，
里面含有龙葵碱。
龙葵碱，含毒素，
生吃绝对不安全。
让人恶心想呕吐，
只能炒熟来佐餐。

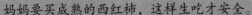

　　妈妈要买成熟的西红柿，这样生吃才安全。

152

少吃快餐食品

快餐食品方便，口味也好，尤其是国外引进来的汉堡包等洋快餐，很受孩子欢迎。有的小朋友吃起快餐食品没完没了，总让家长带他去快餐店。快餐店里油炸食品比较多，热量也大，吃了容易发胖，经常吃油炸食物还容易引发癌症。因此，小朋友应该少吃快餐店里的食品。

不当小胖子

肯德基，麦当劳，
制作汉堡炸薯条。
小朋友们都爱吃，
因为它们味道好。
宝宝应该有节制，
快餐食物热量高。
它的营养欠均衡，
油煎烹炸少不了。
为了不当小胖子，
少吃为佳身体好。

小贴士

光顾好吃可不行啊！

不要误食毒蘑菇

　　蘑菇是营养丰富的食用菌，野外的蘑菇可不全是能吃的，有的含有剧毒，误食能把人毒死。给宝宝吃的蘑菇一定是在正规市场里出售的，不会辨认采摘的蘑菇是否有毒，宁可不吃，也不让宝宝中毒。

小白兔采蘑菇

大雨后，湿漉漉，
小白兔，采蘑菇。
林中蘑菇像小伞，
五颜六色真好看。
妈妈告诉小白兔，
好看蘑菇全有毒。
妈妈把关不让采，
不把毒菇送下肚。

如果辨别不出哪个是毒蘑菇，宁可不吃！

154

吞食果冻易噎着

婴幼儿都爱吃果冻，有的宝宝爱大口吞食果冻，这很危险。果冻含有大量黏胶物质，果冻把口腔里的水分吸进去才能化开。宝宝如果吞食果冻，会把食道里的水分吸掉，食道干涩，果冻容易粘在食道里，对气管造成挤压，宝宝会窒息而死。

吃果冻

果冻柔软又好看，
吃着味道很香甜。
妈妈拿来小果冻，
宝宝大口吞又咽。
谁知粘在食道中，
挤压气管喘气难。
憋得脸红脖子粗，
性命难保很危险。

小贴士

急什么呀！慢点吃。每年都有因吃果冻方法不对，果冻卡在喉咙里的孩子到医院急救。

酸奶变质不能吃

酸奶有丰富的营养，是宝宝最爱喝的饮料。但是，酸奶变质就不能再吃了，不然，会引起食物中毒。怎样识别酸奶好坏呢？告诉妈妈和宝宝一个简便方法：酸奶盒密封膜鼓了，打开密封膜，酸奶的味不正，就是坏了。

巧识别

制作酸奶很严格，
酸奶盒有密封膜。
密封膜鼓味道变，
这种酸奶不能喝。
宝宝鉴别有困难，
妈妈帮助把把关。
如有异味不能吃，
坚决扔掉保安全。

鉴别酸奶好坏主要靠家长。

交往安全

小孩不去歌舞厅

歌舞厅是娱乐场所，是人员复杂的地方，小孩子不要随便去歌舞厅。有些大孩子带你去歌舞厅，也不要去。尤其是女孩子，更不能跟着陌生人去歌舞厅唱歌、跳舞，以防上当受骗。

不去歌舞厅

大街上，车如龙，
夜晚闪烁霓虹灯。
花花绿绿歌舞厅，
好人坏人难分清。
小孩千万不要去，
在家也能把歌听。
如果有人拉你去，
坚决拒绝要声明。

小贴士

歌舞厅什么人都有，小孩还是不要去吧！

对陌生人守秘密

宝宝在小区里玩耍时，陌生人问你家的任何情况都不要讲。比如，有人问你："你的爸爸妈妈上班了吗？""你们家电话号码是多少？""家里的钱放在什么地方？""你有家里的钥匙吗？"这时，什么都别告诉他。当然，有的坏人可能不只问这些情况，还可能变换其他的花样打听你家的情况，对陌生人的任何打探都不要理睬。

要警惕

生人问你东和西，
这时宝宝要警惕。
只要他是陌生人，
不能向他透底细。
想尽办法摆脱他，
不能带他回家去。
拒绝不是不礼貌，
宝宝安危是第一。

世上好人是多数，可也有"大灰狼"呀！千万不可大意呀！

不跟陌生人走

宝宝在街上玩耍时，如果出现一个陌生人对你讲："我是你妈妈的同事，你妈妈让我带你去找她。"你千万别同意，要大声喊叫："我不认识你，不能跟你走！"他如果强迫你，你就大声喊，向周围的人求助。

不跟生人走

宝宝出门玩球球，
外面人多都不熟。
一个生人跟前凑，
执意要带宝宝走。
宝宝怀疑遇坏人，
对着生人大声吼：
"不干，不干，我不走！"
邻居纷纷来相救。

小贴士

好聪明的宝宝啊！

女孩不要随便去别人家

　　女孩容易受到伤害，一定要提高警惕，不要随便去别人家串门。即使小朋友跟你很要好，也不能自己一人去他们家里玩，因为你不了解他们家其他成员的品德怎么样。如果受到意外伤害和污辱，就后悔了。

不去别人家

小女孩，要珍重，
随便串门可不成。
虽然都是好朋友，
其他成员不清楚。
要玩可以在院里，
何必非得到家中？
如果有人侵害你，
想法脱身和报警。

　　爱串门可不是好事！遇到事情可打 110 ！

160

女孩不要随便在外过夜

　　社会上很复杂,女孩不要随便在外面过夜。如果一定要在小朋友家过夜,要得到双方家长的同意,双方家长也要互相知根知底,知道彼此的为人。女孩在外过夜,最好有家长陪伴。

在外过夜要通报

小女孩,要知道,
在外过夜要通报。
家长彼此要沟通,
知根知底很重要。
如果对方新搬来,
双方底细不知晓。
热情相邀要谢绝,
回绝理由要巧妙。

小女孩在别人家住一定要慎重!

不要让陌生人触摸身体

身体受之父母，是非常神圣的，不要让别人触摸孩子的身体。尤其要告诉孩子，不要让别人触摸身体的隐私部分。有人喜欢一个孩子，拧孩子的小屁股，甚至动男孩的小鸡鸡，这都是侵害孩子的人身权。女孩子更不要让陌生人触摸你的身体。

我的身体很神圣

有人行为很轻浮，
行为猥琐不自重，
我的身体很神圣，
不许触摸不许动。
不要以为是孩子，
随便触摸没关系。
人有脸面树有皮，
不能随便打屁屁！

宝宝虽小，也有尊严！

女孩不要让陌生男人抱

女孩在外面玩耍时，有时会碰上"二流子"。如果有陌生男人甜言蜜语地对你说"你好漂亮，好可爱呀！"边说边顺手来抱你，你一定要严肃地大声抗议说："我不认识你，请你离开我！"说话的声音要让附近的人都能听到。

不让生人抱

有人夸你好漂亮，
投你所好要提防。
不能放松警惕性，
小心碰上老"色狼"。
可爱女孩要记牢，
千万别让生人抱。
有人抱你大声喊，
抗议过后快快跑！

要警惕"色狼"呀！

163

女孩约会要谨慎

　　约会是交际的重要手段，但处理不好，会给自己埋下安全隐患。女孩不要轻易与交往不深的人约会。即使是熟识的人，如果发现此人为人轻浮，也不要与对方约会。在赴约会时，女孩不要轻易喝酒，酒容易使人兴奋，也容易让人失去自控能力，坏人有可能对女孩造成身心伤害。对方给你倒饮料，如果这杯饮料脱离过你的视线（比如你曾经去过卫生间），就不能再喝了。

约会不当会上当

女孩约会要谨慎，
处理不好会上当。
交往不深要拒绝，
对方轻浮要提防。
约会绝对不喝酒，
醉酒会把神智丧。
有人让你喝饮料，
离开片刻别再尝。
坏人如果下了药，
后果不堪难设想。

防人之心不可无呀！

这样的聚会早脱身

上学的小朋友也爱搞个生日派对之类的活动，同学聚会，能增进彼此之间的友谊。但是，女孩子如果发现参加生日派对的除了你的同学，还有一些不三不四的大孩子，尽说些黄色段子和下流话，这样的聚会还是早一点离开，早一点脱身，这样多一分安全。千万不要碍着组织者的面子，等到那些不三不四的人对你发生了性侵害，后悔就晚了！

生日派对要"干净"

生日派对要"干净"，
浮浪子弟不要请。
如果出现这种人，
黄色段子说不停。
女孩早点脱身去，
远离污浊咱独清。
不受侵犯免后悔，
洁身自好是自重。

小贴士

女孩在这种情况下及时脱身是上策。

在外防诈骗

现在，社会上诈骗犯很多，有些诈骗犯常以小孩和老人为诈骗对象，拿着一些不值钱的假文物或者假外币骗取钱财，甚至把人扣为人质，索取钱财。告诉孩子，不贪意外之财，这样就不会上当了。

意外之财我不贪

外面有些诈骗犯，
拿着假币换真钱。
骗你回家拿钱去，
把他假币来交换。
好像让你占便宜，
让你买他假古玩。
孩子要想不上当，
意外之财我不贪。

想占便宜就会吃大亏！

大孩子给你烟要拒绝

吸烟对人的身体有害，对于小孩子来说，就更有害了。有些大孩子受影视影响，沾染了吸烟的坏习惯，而且引诱比他小的孩子一起吸。有的小朋友认为吸烟"很酷"，其实，这是一种坏习惯。吸烟的人容易得癌症和肺病，还容易引起高血压、心脏病。大人如果有这样的坏习惯，也要改正，更不能让孩子学。

不学吸烟

吸烟是种坏习惯，
沾上戒掉就很难。
损害身体又花钱，
小孩不要学吸烟。
损坏心、肺、呼吸道，
易患肺病、气管炎。
烟民呼气臭烘烘，
与谁交往谁都烦。

现在全民都在戒烟，孩子可不要学吸烟呀！

167

儿童防拐卖

　　现在，拐卖儿童的事件屡有发生。家长要告诉孩子，在路上遇到生人用问路、卖什么便宜货的办法与你搭讪，也有的人贩子给小孩糖果吃，千万不要理他。放学后，小朋友要结伴回家。如果让人贩子骗走被拐卖，那就见不到亲爱的爸爸妈妈了！

时刻警惕

人贩子，太可恶，
专骗小孩去贩卖。
卖进偏远大山里，
爸爸妈妈要急坏。
学会识别人贩子，
坏人计谋全失败。
时刻警惕遇骗子，
生人纠缠快离开。

小孩子遇到坏人走为上策，因为你太小，斗不过他们！

远离毒品

　　爸爸妈妈要告诉孩子，毒品对人的身体损害很大，同时，也会让人倾家荡产。还要告诉孩子，吸毒并不是时尚，而是一种丑陋的行为。社会上有些坏人吸毒时，让孩子品尝，此时千万不要上当。孩子一旦染上毒瘾，就不能自拔，而且容易被坏人控制，走上犯罪道路。

远离毒品

毒品是种坏东西，
孩子一定要远离。
一旦上瘾身体坏，
坏人也能控制你。
倾家荡产债台筑，
还被拘留去戒毒。
好人绝不沾毒品，
公民守法要记住。

小贴士

　　毒品一定不能沾，沾染上毒瘾戒掉很难。

交友要选择

　　小孩子辨别是非的能力较差，所以，要选择品质优秀的孩子作为朋友。有的孩子沾染了爱抽烟、打架、骂人等坏习气，小孩子不要选择这样的孩子作为朋友。交友不慎，与品质有缺陷的孩子成为朋友，时间长了，也会沾染上对方的坏习气，甚至会堕落。

交友

孩子都爱交朋友，
朋友品质要优秀。
不良少年我不交，
洁身自好才对头。
交友不慎坏处多，
沾染恶习要堕落。
品学兼优好少年，
互为友人结伙伴。

近朱者赤，近墨者黑！

不要赌博

　　小朋友长大一些，互相之间有时会玩纸牌。如果有人提出赌钱，一定别参与。有的家长嗜赌成瘾，如果孩子也沾染赌瘾，不专心学习，也会逐渐染上不劳而获的品质，容易被黑社会团伙利用，走上堕落的邪路。有的网吧利用游戏机引诱小朋友赌钱，也不要参与。

不赌博

小朋友，要学好，
赌博活动咱不搞。
爱赌博，是堕落，
赌博上瘾不得了。
家败人亡不可取，
如果沾染早戒掉。
健康游戏可参与，
人人夸咱好宝宝。

小贴士

赌博是违法活动，小朋友一定要远离！

外出安全

街上走失找警察

宝宝跟着爸爸妈妈外出时，宝宝如果不小心走丢了，不要慌，到交通要道十字路口的警察岗楼找警察叔叔，告诉他，你走丢了。你要把爸妈的手机号告诉警察叔叔，耐心等待爸妈来找你。千万不要一个人穿小胡同乱找人，那样很危险，容易被坏人盯上。

警察叔叔帮帮我

外出时，人很多，
你与家长走散啦。
不要急来不要慌，
十字路口求警察。
警察叔叔帮帮我，
不见妈妈走丢了。
警察给妈打电话，
妈妈定会来接我。

小贴士

宝宝走丢了，不要哭，警察叔叔会帮助你的。

地铁站内别乱跑

爸爸妈妈带宝宝在地铁站里候车时，告诉宝宝，不要在站内乱跑，小心掉到站台下的铁轨上去。等车时，一定不要越过黄色的安全线，不要探身往前站，以免车进站时，人多拥挤，将宝宝带下站台，发生安全事故。

等列车，往后站

地铁站内有黄线，
宝宝等车线后站。
站台上面别乱跑，
留神不要掉下面。
站台不是游乐场，
这里游戏太危险。
不要探头看火车，
最好与妈把手牵。

小贴士

请小朋友不要越过黄色安全线！

逛商店走丢怎么办

妈妈爱带着宝宝去逛商店，宝宝一定要拉紧妈妈的手。在妈妈购物时，一定要待在妈妈身旁，不要走远。如果不小心走丢，别乱跑，找商店里的售货员和导购员，告诉他们，你找不到妈妈了。售货员会用广播器材喊妈妈到指定地点找你。

逛商店

妈妈带我逛商店，
商店人多杂又乱。
走丢不见我妈妈，
只有求助售货员。
我不随便乱求人，
不跟生人走出店。
通过广播喊妈妈，
妈妈出现我面前。

小贴士

走失的小朋友找到售货员，售货员会让广播员喊你的妈妈，千万别求陌生人！

不认家门怎么办

小区里的楼房都差不多，刚搬到一个小区，宝宝出去玩找不到楼门是完全可能的。平时，妈妈要把楼门号、楼层告诉宝宝。发生这种情况后，宝宝千万不要跑出小区，要找小区里巡逻的保安，让保安把你送回家。宝宝也可以去小区的居民委员会，让那里的阿姨送你回家。

保安叔叔帮帮我

刚刚搬到一小区，
这里情况不熟悉。
乐乐外面做游戏，
找不到家心着急。
情急之下找保安，
未曾说话先哭泣：
"保安叔叔帮帮我，
送我回家谢谢你！"

小贴士

乐乐想的办法是正确的，千万别走出小区！

175

进出院子别钻墙洞

有的院墙已经破损有洞，有的小孩出门的时候，为了少走路，不爱走门爱钻墙洞。这样做，既不雅观又不安全，凡是有洞的墙随时有坍塌的危险。为少走几步路而被砸在墙下，多危险呀！

要走院门不钻洞

明明是个小"懒虫"，
进出院子钻墙洞。
院墙有洞很危险，
墙壁坍塌会很重。
压在下面无处逃，
顷刻就能要小命。
我们不是小狗狗，
钻洞实在不文明。

钻墙洞很危险，并且很不雅观！

不要钻护栏

外出的时候，有的家长为了抄近道，不走大路钻护栏。这给孩子树立了不好的榜样，这样做很不文明，也有安全隐患。有时候，人的判断有误，看着能钻过去，实际钻不过去，甚至钻到半截身体被卡住了。被卡住的孩子越挣扎卡得越深，这会对孩子的身体和精神造成伤害。

不要钻护栏

讲文明，讲安全，
外出不要图简便。
宝宝为了抄近道，
不走大路钻护栏。
缝隙太小钻不过，
身体卡进铁栏杆。
使劲挣扎都没用，
得向消防队求援。
消防队员很专业，
为救宝宝锯护栏。

小贴士

遇到这种情况，大人不要硬拽宝宝，以免对宝宝造成二次伤害！

177

冬天别摸铁栅栏

北方的冬天特别寒冷，孩子出门的时候不要直接用小手去摸铁栅栏和其他铁器。因为铁器上面早晨有霜，小手一摸，体温会把霜化成水，冷风一吹，水又迅速把水冻成了冰，冰会把孩子的小手粘在铁栅栏和其他铁器上。如果发生了这种情况，手不能猛拽，要呼救，让大人用温热的东西将冰化开。孩子的小手猛地离开，会将小手上的皮肤拽下来一块，那多疼呀！

冬天别摸铁栅栏

冬天里，北风寒，
千万别摸铁栅栏。
铁器容易粘小手，
粘伤小手怎么办？
粘住千万别猛拽，
呼喊大人来救援。
温热物体化开冰，
小手慢慢离栅栏。

小贴士

冬天，在寒冷的北方发生这种情况不稀奇。

不在商场扶梯上玩耍

许多大型商场里都有扶梯，有的孩子爱在扶梯上追逐玩耍，这非常危险。扶梯的用途是给上下楼的人提供方便，不是大型玩具。如果扶梯突然停止运行，由于惯性的作用，容易将孩子摔倒。有的宝宝爱将手伸进扶梯软扶手消失的地方，这更危险，运行中的扶梯会将孩子的小手卷进去。

不在扶梯上玩耍

电扶梯，能上下，
顾客购物乘坐它。
宝宝见它很好玩，
顺着扶梯上又下。
扶梯不是大玩具，
又上又下危险大。
突然停止有惯性，
宝宝摔倒磕掉牙！

小贴士

这几年商场电扶梯伤人的事件屡屡发生，要引起家长的重视！

179

不要把头伸梯外

　　在商场购物的时候，宝宝不但爱在电动扶梯上玩耍，还爱把头伸到扶梯的外面，这非常危险。扶梯跟上一层的楼板往往形成一个夹角，扶梯在运行到这个夹角时，很容易把伸出梯外的脑袋夹住"切"掉，造成不可挽回的惨剧。家长要和宝宝一起乘扶梯，告诉宝宝，手要紧握扶手带，靠右站立，留出左边通道为紧急情况用。

不要把头伸梯外

到商场，来购物，
小心扶梯夹角处。
不要把头伸梯外，
以防脑袋被夹住。
扶梯夹角写提示，
不写提示很恐怖。
扶梯口设安全员，
防微杜渐免事故。

小贴士

　　家长带宝宝进入商场时，要注意各种安全提示，并及时告诉孩子。

180

识别安全通道

公共场合都有安全通道，家长在带着孩子去商场和其他公共场合时，自己首先要看看安全通道在什么地方。因为在发生地震、火灾的时候，不能乘坐电梯逃离现场。自动停电设施会使电梯停止运行，乘坐者容易被困在电梯中，这将让受困者坐以待毙。

识别安全通道

看电影，逛商店，
要把安全通道看。
地震时，火灾中，
绝对不进电梯间。
电梯停电太可怕，
人会困死电梯间。
顺着安全通道走，
虽然费劲最安全。

小贴士

在发生地震、火灾的时候，电梯间是最不安全的地方，家长要带孩子走安全通道！

一人不走地下通道

　　城市里修建了地下通道，交通便利了，也带来了安全隐患。有的地下通道成了不法商贩和歹徒藏身的地方。如果地下通道没有其他行人，小孩子不要一人走地下通道，以免遭受人身侵害。如果非要走不可的话，可以向路面上执勤的警察叔叔求助，请他把你护送过去，或等有大人来时，与大人一同通过。

地下通道

地下通道很便利，
也是坏人藏身地。
小孩一人不要走，
除非家长带着你。
没有家长怎么办，
求助警察护送你。
过了通道谢警察，
可向叔叔敬个礼。

小朋友千万别逞英雄。

小孩出门坐公交车

　　孩子一个人出门应该坐公交车，不要随便打车，不给坏人拐卖儿童、劫持儿童造成可乘之机。当然，坏人是极少数，但要是碰上这种情况，对于孩子的伤害是无可挽回的。有的家庭比较富裕，连孩子上学都打车。其实，这对孩子的安全并不利。坐公交车能使孩子处于公众的保护之下。

公交车

公交车，很热闹，
孩子出门乘公交。
孩子打车不安全，
遇到坏人不得了！
公交车上"眼睛"多，
对于坏人有威慑。
坏人不敢做坏事，
胆敢胡为必被捉。

小贴士

　　坐公交车的人多，人多的地方相对是安全的。

防晕车做哪些准备

　　旅游是现代生活不可或缺的一部分。由于人的体质不同，有的小朋友有晕车的毛病，给出行造成很多不便。怎样预防晕车呢？有晕车毛病的小朋友上车前请束紧腰带，这样可防止由于车晃动使内脏在体内晃动，造成恶心而呕吐。头一天晚上一定要睡眠充足，休息好也能有效地防止晕车。上车前，不要吃得过饱，不要吃高蛋白和高脂肪食物，也能减轻晕车的程度。

防晕车要做到

外出晕车很痛苦，
旅游准备别马虎。
束紧腰带很有效，
晚上睡觉要充足。
就餐不要吃过饱，
七八成饱很舒服。
千万别做小馋猫，
蛋白、油脂少摄入。
管住嘴巴很重要，
减轻晕车不呕吐。

　　做到以上这三条，晕车的程度就会减轻。

要远离骡马

　　小区里偶尔来了骡马车，城里的孩子们觉得很新鲜，总爱凑上去看，有的孩子甚至会逗一逗骡马，这很危险。骡马受到陌生人挑逗，很容易受惊失控，会撞倒孩子，甚至会踢伤孩子。所以，一定要远离骡马。

大骡马

大骡马，特高大，
孩子都很喜欢它。
大家围着一起看，
有的上前逗骡马。
骡马不知你干啥，
受惊狂奔很可怕。
骡马扬蹄会踢人，
千万不要挑逗它。

小贴士

　　骡马受惊，会扬蹄伤人，一路狂奔。所以，孩子要远离骡马。

工地不是游乐场

有的居住小区离建筑工地特别近，工地有沙土、石子、砖堆、竹竿和木头，小朋友特别爱钻进工地玩耍，这非常危险。工地里有许多大型机械，机械都带电，有的电线裸露跑电能电死人，料堆容易发生塌方砸人，高处也常常掉下硬物砸伤人。工地不是游乐场，孩子们还是不去为好。

工地不是游乐场

工地里，有沙子，
还有石子和砖堆。
城里孩子见得少，
来到工地不想回。
举着竹竿玩打仗，
沙土能把城堡垒。
工地不是游乐场，
发生事故该怨谁？

工地不是游乐场，请回吧！

不要在草地上躺着

　　外出旅游时，有的小朋友不顾园丁的安全提示，喜欢在公园里的草地上做游戏，甚至在草地上躺着休息。这样做很不文明，也不安全。要知道，小草有生命，我们在草地上玩，甚至躺着，一定会伤害小草的植株，这是不尊重园丁劳动的表现。草地里什么虫子都有，甚至会有凶猛的蛇、蝎。如果被蛇、蝎咬一下、蜇一下，一定十分痛苦，到那时就晚了。

不要践踏草坪

公园处处有草坪，
种的小草有生命。
不在草地做游戏，
躺在草坪也不行。
草地里面有蚊虫，
叮咬一下准不轻。
草地园丁常修整，
践踏小草不文明。

小贴士

　　尊重园丁的劳动，爱护小草的生命是文明的表现，同时也保证了我们的安全！

远离水塘边

南方许多地方有水塘，每年都有因为玩水而溺死的孩子。所以，当宝宝有了独立玩耍能力后，妈妈要经常告诫他们，远离水塘边。如果宝宝不幸落水，最重要的是要大声呼救，不要做徒劳的挣扎。如果发现水里有大的漂浮物，应抓在手里，让它起"船筏"的作用。如果什么都没有，就用小手击水，争取浮到水面换口气。

溺水娃

小娃娃，落水啦，
赶紧叫喊"救命啊"！
用手击水别沉底，
不要徒劳乱挣扎。
附近如有漂浮物，
抓在手里当"船筏"。
争取时间最重要，
大家抢救溺水娃。

落水的小朋友别乱了方寸！

留神脚下的井盖

　　宝宝在外面游戏时，要注意脚下的窨井有没有井盖，井盖盖得严不严，井盖有没有什么问题。如果发现了井盖，最好绕一下，不要因为图省事踏着井盖过去。过去，行人掉在窨井里的事故时有发生。万一掉到排污水的窨井里，如果污水没有淹没你，应该大声喊叫求救。

游戏注意看脚下

宝宝游戏看脚下，
掉进窨井没命啦。
有的窨井流污水，
又脏又黑盖没啦。
有的虽然有盖子，
盖得不严更可怕。
发现井盖已没有，
报告物业修好它。

小贴士

　　发现窨井有问题，要及时报告，维修工人会及时修理的！

189

秋末春初不要走冰河

　　秋末春初时节，是结冰和化冰的季节，小朋友千万别想抄近道而走冰河。这时候的冰很不结实，掉到冰河里，如没有人及时搭救，落水者就会被淹死。这时候，也不要随便到冰河上去玩耍、滑冰。

秋末春初不要走冰河

秋末河水刚结冰，
春初冰河就要化。
这时冰都不结实，
走在上面很可怕。
两段时间冰层薄，
有时发声"嘎嘎嘎"。
春秋不要走冰河，
踩破冰河命没啦！

还是不要图省力踏着冰层过河了，太危险！

上学路上防劫钱

孩子上学时，身上不要带很多钱，带些零钱也不要炫耀，防止上学路上被人把钱劫去。遇到有人劫小朋友，把钱给他就是了。然后，把发生的事情告诉老师或者警察叔叔。记住，与坏人斗争要讲究策略。

遇到劫匪别逞强

遇到劫匪别逞强，
或者躲来或者藏。
斗争一定讲策略，
不要直接去顶撞。
坏人肯定比你大，
保住性命理应当。
把钱给他也可以，
然后报警最妥当。

小贴士

好汉不吃眼前亏！

不要观看电焊光

有的电焊工人在外面焊接，电焊枪发出耀眼的强光。小朋友不知道，电焊时发出的光芒能灼伤人的眼睛，工人电焊时都戴着眼罩，而你却没有眼罩。小朋友长时间看电焊光，眼睛会被灼伤，夜里眼睛就会疼痛难忍。

电焊光

电焊时，放光芒，
金星四散真漂亮。
小朋友们很好奇，
蹲在一边细端详。
不戴眼罩无防护，
弧光耀眼实在强。
千万不要看电焊，
灼伤眼睛遭了殃。

小贴士

这个热闹千万别往上凑。

不独自到公共场所

孩子不要独自到公共场所去看电影或者看节目，到这些场所去娱乐，一定要有大人陪同。因为这些公共场所人员复杂，孩子容易被不法分子盯上，遭到性骚扰，甚至会被拐骗。

影剧院里……

电影厅，大戏院，
小孩一人别去看。
这些场合人员杂，
坏人盯上惹麻烦。
影剧院里灯光暗，
歹徒隐藏最方便。
坏人容易下黑手，
警惕骚扰和拐骗。

小贴士

要警惕坏人在黑暗处作案！

女孩大街上被尾随怎么办

　　女孩外出时，如果发现有陌生男人尾随，你走得快，那人走得也快；你到哪里，那人也到哪里，说明你可能是遇到了"色狼"。假如是晚上，不要往没有路灯的地方跑，可以用过马路的办法摆脱陌生人，看那人是不是还跟着你；也可以往人多的地方跑，如排队购物的人群中；还可以向警察的岗楼跑去向警察求救。如果有手机，可以站在有人的地方打电话向家人求救。女孩要注意，晚上一人最好不出家门。如果白天出去玩，也不要回家过晚，以免被坏人钻空子。

智斗"色狼"

小姑娘，好漂亮，
遭到尾随遇"色狼"。
哪里人多哪里去，
千万心里别发慌。
匆匆穿越大马路，
或者跑到警察岗。
拨通手机呼亲人，
声音要大吓"色狼"。

　　孩子！遇到这种情况，你不是孤立无援的！

利用锐器自卫

在大街上遇到歹徒拦截你，你要从容应对，以保证自身安全为目的。如果你身上有钥匙等锐器，这就是你有效的正当防卫的武器。你可以把钥匙夹在手指缝中，让钥匙尖朝外，当歹徒逼近你时，趁歹徒不备，猛地向歹徒的眼部袭击。如果没有必胜的把握，不要贸然出击，以免遭到歹徒疯狂的报复。在特殊情况下，随身的防卫武器运用得当，也可以起到四两拨千斤的作用。

学会正当防卫

小孩不要走夜道，
安全事项要知道。
白天遇险会自卫，
钥匙用好赛小刀。
夹在指缝尖朝外，
猛袭歹徒的眼眸。
如能必胜才出击，
保住性命第一条。

小贴士

如果没有必胜把握，可以想别的办法，不要轻易刺激歹徒以免遭到报复。

195

不要引"狼"入室

　　女孩在家附近，如果发现有陌生男人尾随你，要学会机智地摆脱对方，不要轻易回家。尤其家里没有别人时，更不要回家，以免引"狼"入室。即使当时没有发生危险，也等于把自己的家门告诉了陌生人，为以后的安全埋下了隐患。这时，可以到小区门口的保安那里，请求保安叔叔帮你解脱困境，或者到小区居委会暂避。

引"狼"入室不可取

漂亮小孩牢牢记，
如有坏人尾随你，
不要搭讪快抽身，
及时摆脱为上计。
到家不要进家门，
引"狼"入室不可取。
找到保安求保护，
居委会里可暂避。

　　一个小女孩遇到陌生人的尾随，匆匆赶回家是不明智的。

遭到劫持会自救

　　人贩子抱走儿童的事时有发生，这时应以保证人身安全为主，不鼓励儿童与歹徒搏斗，要等待救援。与歹徒相比，儿童是弱者。如果歹徒给了孩子反抗的机会，当然也不要放过。遇到人多时，可以高声喊叫："我不认识你，我要找爸爸妈妈。"要向周围的人表明，抱走你的人不是你的亲人。坏人抱着你，只要你的小手是自由的，可以伺机戳坏人的眼睛。因为坏人抱着你，腾不出手来对你下手。

机智自救好办法

人贩子，实在坏，
抱走孩子外地卖。
孩子人小先示弱，
保证身体别受害。
人多喊叫要大声，
要让坏人现原形。
坏人抱你无暇顾，
戳他眼睛能制胜。
对敌出手稳、准、狠，
能够四两拨千斤。

小贴士

　　如果没有十足的把握，千万不要轻易惹坏人对你下狠手，等待救援是上策！

雾霾天，少外出

由于环境污染，当下出现雾霾天的时候特别多。雾霾天，空气中PM2.5（又叫细颗粒物、细粒、细颗粒）的浓度特别高。PM2.5粒径小、可以长时间悬浮于空气当中，容易附带有害重金属、微生物等物质。PM2.5浓度高了，说明空气污染非常严重，呼吸这样的空气，会严重地影响人的健康。家长要告诉宝宝，雾霾天最好不出门，一定要出门，也要戴能防PM2.5的口罩。

雾霾天，少外出

雾霾天，太恐怖，
空气含有PM2.5。
也许小孩不太懂，
实际是细颗粒物。
由于它的粒径小，
能在空气中悬浮。
携带有害物质中，
有重金属和微生物。
出门一定戴口罩，
雾霾天，不外出。
最好能在家里玩，
看看电视读读书。

小贴士

不要买普通口罩，要到正规药店买能防护PM2.5的口罩，不然，起不到防护作用。

别在胸前挂钥匙

宝宝在外面玩耍时，如果家里没有人，千万别在胸前挂钥匙。因为一挂钥匙，外人就知道你家里没有大人。如果没有地方放钥匙，只能挂在胸前，也要把它藏在衣服里面，坏人才不打你们家财产的主意。你回家时，也要看看后面有没有生人尾随你。

钥匙不要胸前挂

宝宝外出去玩耍，
家里钥匙胸前挂。
等于告诉大坏蛋，
你家大人没回家。
如果钥匙没处放，
挂在胸前藏好它。
回家别忘往后看，
观察有没有"尾巴"。

小贴士

这可不是耸人听闻，坏人专打胸前挂钥匙小孩的主意。

199

游戏安全

玩滑梯，要扶好

公园里的滑梯对幼儿很有吸引力，但玩滑梯也有安全隐患。比如，宝宝的平衡能力差，开始一定要让他们用手扶住滑梯两边的外沿。不然，孩子容易横着滑下来，甚至头朝下滑下来。这会对孩子造成惊吓，再玩滑梯时容易有心理障碍。

玩滑梯

小胖子，小妮妮，
大家一起玩滑梯。
大滑梯，高又高，
登梯然后滑下去。
开始两手扶外沿，
小小屁股坐槽里，
滑时缓缓松开手，
不要横着滑到底。

小贴士

记住：用双手控制下滑的速度！

爬攀登架注意安全

很多学校都有攀登架，小朋友都愿意爬到攀登架上去玩，这样既可以锻炼小朋友的体质，又能培养小朋友的勇敢精神。爬攀登架时一定要注意，估计快上课了，就不要再往上爬了。上下攀登架的时候，一定要慢，一只脚登稳了，另一只脚再离开。在上或下攀登架的时候，绝不能双手都离开攀登架。如果爬到半截上课铃响了，也要慢慢地下来。如果迟到了，跟老师说明情况，求得老师的谅解。

攀登架，高又险

攀登架，高又险，
小朋友，敢登攀。
增体质，练勇敢，
攀登上下都要慢。
手脚并用别松开，
抓紧登稳保安全。
听见上课铃声响，
宁可迟到要稳健。
为了不晚摔下来，
摔伤身体不划算。

小贴士

如果估计快上课了，就不要爬那么高了。

不坐海盗船和过山车

　　游乐场中的海盗船、过山车是强刺激的游乐器械。大孩子上去玩一次也会头晕、恶心，造成身体不适。所以，妈妈不要带婴幼儿乘坐这些游乐器械。宝宝的神经系统非常柔嫩、脆弱，经受不起这种强烈的刺激。

只能远远看

郊区有座游乐园，
游乐设施真齐全。
过山车，海盗船，
过来过去甩上天。
宝宝最好别乘坐，
头晕、恶心很凶险。
强烈刺激太可怕，
宝宝只能远远看。

小贴士

　　宝宝的神经系统发育不健全，玩这种游乐项目容易出大问题！

放风筝远离高压线

　　儿童都喜爱放风筝，在放风筝的时候，一定要远离高压线、电线。高压线、电线一旦漏电，容易让小朋友遭到电击。雷雨天也不能放风筝，扯风筝的绳索万一被突如其来的雨打湿，就能导电，会让孩子遭到雷击。

放风筝

放风筝，讲安全，
一定远离高压线。
宝宝来到空场上，
风筝放得高又远。
雷雨天，不能放，
线被打湿能导电。
遭到雷击很可怕，
小小生命有危险。

小贴士

　　遭到雷击会酿成伤亡惨剧！

203

荡秋千要注意安全

小孩子都喜欢荡秋千，秋千能荡得特别高。不是每个孩子都敢玩荡秋千的，如果没有玩过，小孩子还是不要轻易独自玩荡秋千。小宝宝只能坐在秋千踏板上面由妈妈扶着来回荡。大一些的宝宝坐在秋千上边荡时，两手要握紧绳子别撒手，只有在秋千停下来时，脚先下来后再松手。在别人荡秋千时，有的宝宝愿意在旁边推，这样做很危险。宝宝一定要注意，千万别在后边推，不然会被荡回来的秋千踏板撞翻。

秋千架

公园有副秋千架，
宝宝玩时心里怕。
对宝宝，多鼓励，
秋千能练人胆大。
宝宝先练坐着荡，
站立荡要绳紧抓。
荡时千万别松手，
完全停稳脚先下。
宝宝安全妈牢记，
站在一旁来保驾。

小贴士

孩子荡秋千一定要有大人在旁边保护！

滑冰安全

冬天来时，孩子们都喜欢滑冰。没有冰的季节，孩子们也都喜欢滑旱冰。滑冰和滑旱冰都属于十分剧烈的运动，滑速过快，既容易撞倒别人，也容易摔伤自己。在迎面来人的时候要注意及时刹住冰刀，一旦摔倒就容易得脑震荡，甚至骨折。如果滑得不熟练，最好先在人少的冰上练习。

小宝宝滑冰

冰场上，人涌动，
小宝宝，练滑冰。
滑冰运动太剧烈，
动作快，速度猛。
摔倒容易骨头折，
摔伤脑袋就不轻。
为了安全不相撞，
人少冰面慢慢行。

小贴士

慢慢滑，先保证不摔倒！

205

滑旱冰不要上马路

　　滑旱冰也叫轮滑，起源于欧洲，是许多孩子喜欢的一种运动。旱冰鞋只是一种游戏工具，而不是交通工具。我们经常看到一些少年儿童穿着旱冰鞋，穿行于车水马龙的马路上，这样做十分危险。滑旱冰的速度很快，而且没有有效的制动器。遇到紧急情况，很难及时停止行进，不是车辆撞到滑旱冰的孩子，就是滑旱冰的孩子撞到别人。

滑旱冰，别上街

滑旱冰，很时尚，
穿着冰鞋上广场。
旱冰是项好运动，
不穿冰鞋到街上。
冰鞋不是交通车，
硬上马路易受伤。
没有制动难"刹车"，
伤亡事故很难防。

小贴士

在马路上发生了意外事故，滑旱冰的人要负全责！

玩耍不要攀爬大树

有的孩子在游戏的时候，喜欢上树去玩耍。这样做很危险，因为我们对树木的耐受能力不了解。有的树木看起来比较粗，但耐受能力很差，容易折断，爬树的孩子会摔下来。每年因为攀爬树木而遭受意外伤害的孩子很多，摔伤了胳臂、腿，那是多么不幸啊！另外，家长要告诉孩子，要爱护树木，保护大自然，如果愿意攀爬，可以到运动场去玩攀登架。

不要攀爬大树

小朋友，要记住，
游戏不攀爬大树。
不听劝告硬要爬，
树枝折断伤筋骨。
攀爬可去运动场，
攀登架可随意上。
练就一副好身板，
长大成为好栋梁。

小贴士

有的树枝看起来很粗，但被虫蛀过，很不结实。

207

不要在阳台上玩降落伞

　　小降落伞是最容易制作的玩具，用四根小绳系住手帕的四角，在四根小绳下面拴个重物，一个小降落伞就做好了。家长要告诉孩子，千万不要在阳台上玩降落伞。阳台一般距离地面都很高，在阳台上玩降落伞充满了危险。为了看降落伞降落的情形，孩子往往把身体探到阳台外面一部分，非常容易掉到楼下去。每年儿童坠楼的事件时有发生。

在广场上玩降落伞

小手帕，四角拴，
做个小小降落伞。
小宝宝，上阳台，
往下投掷很好玩。
身子探出阳台外，
其实这样很危险。
应到小区广场上，
彩色"蘑菇"飘云端。

　　小朋友自制降落伞应该鼓励，但一定要制止他在阳台上向下投掷降落伞！

远离剧烈游戏

一些大哥哥常在居住小区的广场上骑车、踢足球、滑旱冰……这些都属于剧烈游戏，婴幼儿不能玩。另外，还应该让宝宝远离从事剧烈游戏的大孩子，避免受到伤害。

剧烈游戏咱不玩

大哥哥，踢球猛，
足球飞起在空中。
剧烈游戏咱不玩，
踢着、撞倒就不轻！
广场上，人很密，
剧烈游戏不可以。
不是你去撞别人，
就是别人撞着你。

小贴士

剧烈游戏还是到人少的地方玩吧！小婴儿可不要玩呀！

209

塔吊车下不能玩

　　许多工地都用塔吊车搬运沉重的建筑材料，有的建筑工地门卫把守不严，小朋友千万不要进工地，到塔吊车下边去玩。万一沉重的建筑材料掉下来砸到小朋友，非死即伤，十分危险。

塔吊车

塔吊车，力气大，
它是工地巨无霸。
大长胳臂身似塔，
千斤东西臂上挂。
吊车下面不能玩，
掉下重物太可怕！
把人砸成肉饼饼，
为保安全远离它。

小朋友留神砸着！快离开这里！

远离危房和老墙

　　有些地方还有一些危房和有裂缝的老墙，小朋友在游戏的时候，一定要注意游戏的环境是不是安全，千万不要钻到危房或有裂缝的老墙下面去玩耍。危房和老墙倒塌了，容易把游戏的孩子压在下面，造成伤亡事故。

捉迷藏

小朋友，捉迷藏，
爱钻危险老旧房。
人迹罕至好藏身，
以为找到好地方。
老墙周围多杂草，
那里藏匿不好找。
危房、老墙随时倒，
出现意外怎得了。

藏在危房中、老墙下多危险呀！

别用放大镜看太阳

　　放大镜和望远镜有聚光作用，千万不要拿放大镜和望远镜看太阳。放大镜和望远镜的聚光功能能把太阳光聚集成一根光束，这根光束所照到的地方形成一个极亮的点，这个极亮的点叫焦点，这个亮点聚集的光能把纸张点燃。如果我们用放大镜或者望远镜对着太阳看，那根光束极有可能灼伤我们的眼睛，造成眼睛失明。

放大镜和望远镜

放大镜和望远镜，
具有聚焦的功能。
如用它们看太阳，
能够烧伤人眼睛。
望远镜，望远山，
能够看到好风景。
放大镜，看小虫，
观察细致看得清。

有些工具该干什么用就让它干什么，千万别乱用！

玩具枪不要指着人

有些玩具枪能射出塑料枪弹，虽然不能打死人，击中要害部位也会造成严重后果，射中眼睛能将眼睛射瞎。宝宝在玩玩具枪时，家长要告诫宝宝，不要把枪口对着其他小朋友。家长最好不要给孩子买能射出子弹的玩具枪。

玩具枪

军军有把玩具枪，
扣动枪机嗒嗒响。
射出子弹劲挺大，
打中身体也受伤。
别用假枪对着人，
只许打在靶纸上。
最好不要打枪弹，
只听枪响又放光。

小贴士

有些仿真枪也在管制之列，家长千万别给孩子买。

213

不要模仿危险动作

　　影视剧中有许多打斗场面，小孩子看了爱模仿。有的小孩用玩具枪向人射击，用假刀砍人，这些动作都隐藏着危险因素，弄不好就会把人伤了。另外，剧中有些武打场面，如人从很高的地方跳下来，小孩子也不要模仿。剧中的人物做这些动作都有保护措施，确保演员不受伤害。孩子做这些动作什么保护措施都没有，十有八九会受到伤害。

危险动作别模仿

武打戏，好紧张，
引人入胜特别棒。
动作好看真激烈，
淘气孩子爱模仿。
机枪射击嗒嗒响，
飞檐走壁跳山梁。
演员表演有保护，
没有措施会受伤。

　　因为模仿电视剧里的动作使孩子受伤的事故经常发生，这种悲剧不能再重演了！

不要玩硬币

硬币亮闪闪的，小朋友喜欢拿硬币当玩具玩，甚至把硬币放到嘴里。这样做，既不卫生又不安全。硬币在市场上流通，上面病菌很多，容易传染疾病。把硬币放到嘴里玩，一不小心吞下去还要到医院动手术，多疼呀！

硬币不是玩具

小硬币，扁又圆，
金灿灿，亮闪闪。
上面图案特好看，
当玩具玩惹麻烦。
小小硬币谁都摸，
上边病菌非常多。
把它放在嘴里边，
能把各种疾病传。
硬币高抛用嘴接，
吞到肚里很危险。

小贴士

每年都有孩子吞食硬币到医院求医，千万不要拿硬币玩。

不要口含小东西

宝宝特别爱用嘴含一些小东西，妈妈千万不要把小物件给宝宝玩耍。比如，纽扣、别针、钥匙等小物件都是威胁宝宝的"杀手"。宝宝爱把这些小东西含到嘴里，一旦误吞到肚里，会对宝宝的身体造成伤害。

嘴里不含小东西

小宝宝，要注意，
嘴里不含小东西。
纽扣、别针看着小，
误吞肚里不得了。
别针尖尖能扎人，
吞进肚里伤宝宝。
小小物件咱不玩，
宝宝安全最重要。

宝宝所待的区域一定不要放置小物件！

不要玩碎玻璃

　　玻璃晶莹剔透，很好看，但碎玻璃很锐利，容易划伤手。家长要告诉孩子，不要捡碎玻璃，更不要拿碎玻璃扔着玩，以免扎伤自己和其他小朋友。家里的窗玻璃碎了，碎玻璃碴子不要乱丢，家长要及时处理掉，免得小孩子捡起当玩具玩。

碎玻璃

明光光，碎玻璃，
不是利器赛利器。
边缘锐利易扎伤，
不能拿它当玩具。
小孩拿它扔着玩，
威胁别人害自己。
家长及时来处理，
不要随便乱丢弃。

小贴士

碎玻璃比刀子还厉害！

雨后别蹚水玩

　　下雨后，小朋友都爱到院里玩水，千万不要蹚水玩。暴雨过后，电线断后落到地上跑电，容易电击人。积水下面可能有玻璃碴，容易扎伤脚。积水下的窨井井盖是不是完整也不清楚，小朋友掉下去后果将很严重。积水中还有许多病菌，能够传染脚气等疾病。所以，小朋友不要蹚水玩。

雨后别蹚水

雨后天晴彩虹艳，
娃娃不要蹚水玩。
电线断了能跑电，
电击伤害人胆寒。
窨井如果不盖严，
掉进窨井很危险。
积水之中有病菌，
传染脚气很讨厌。

蹚水危害很多，可不能蹚水呀！

218

戴耳机听音乐别太久

　　家长为培养宝宝的音乐才能，让宝宝戴耳机听音乐，一听就是好长时间，这样做很不好。儿童的听觉器官仍处于发育阶段，中耳听骨、耳膜和内耳等听觉器官都比较脆弱，听音乐听得时间长了，容易产生听觉疲劳，影响宝宝听力。

小耳机

宝宝戴着小耳机，
听起音乐很着迷。
儿童器官不健全，
听骨、耳膜在发育。
时间长了听力差，
而且性格易孤僻。
使用耳机有节制，
过分疲劳不可取。

小贴士

　　干什么也不能太过分！

219

不要登滑板车上马路

　　登滑板车运动量大，可以有效地锻炼身体。然而，登滑板车也是一项危险性很大的运动。家长有责任告诉宝宝，不要登滑板车上马路。因为，滑板车仅仅是一种运动器材，而不是交通工具。马路上路况复杂，宝宝又不知道交通规则，一不小心，就会发生交通意外，受到伤害。即使在小区里登滑板车，也要选择人少的地方。另外，宝宝登滑板车也别登得太快。太快了，遇到情况，很难收住脚步，不是宝宝撞到别人，就是被其他车子撞倒。

不要登滑板车上马路

滑板车，宝宝爱，

登上滑板跑得快。

小朋友，要记住，

不登滑板上马路。

滑板只是大玩具，

登它玩耍还可以。

登它随便上马路，

危险多多别马虎。

遇到情况刹车难，

宝宝难以停脚步。

意外相撞很难防，

受到伤害多悲伤！

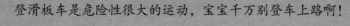

登滑板车是危险性很大的运动，宝宝千万别登车上路啊！

不要捡垃圾

　　有的小朋友喜欢捡一些东西玩，这个习惯可不好。小朋友到垃圾堆捡别人丢弃的东西玩，尤其到垃圾堆里捡一些废针管来玩，废针管容易传染肠炎、肝炎，甚至会传染爱滋病，非常危险。

不捡东西玩

捡的东西都很脏，
上有病菌表面光。
传染肝炎和肠炎，
得了痢疾真遭殃。
要是传上爱滋病，
既可怕来又悲伤。
染病打针又吃药，
伤心受罪钱花光。

小贴士

　　捡垃圾玩不卫生！

转圈别太多

　　春节联欢会上，有个叫"小彩旗"的艺人不停地转圈。千万别模仿她，这样做会对小朋友的平衡器官造成伤害。小朋友们常在院子里玩这样的游戏，让一个小朋友把眼睛蒙上，转几圈后让他辨认方向。这个游戏很有趣，但也有危险。转圈的次数太多，人的平衡器官功能会紊乱，容易摔倒，把头磕破，把牙齿碰掉。

蒙眼转圈

小朋友，蒙着眼，
原地不动转圈圈。
转圈次数特别多，
平衡器官会紊乱。
停下人会站不住，
容易头晕又目眩。
摔个跟头脸破相，
小小门牙被磕断。

小贴士

转圈这个游戏对宝宝的伤害很大！

不把塑料袋套头上

　　家庭里塑料袋很多，有的小朋友喜欢用它装东西，这没有问题，但有的小朋友把塑料袋套在头上当帽子玩，这很危险。如果宝宝把头完全套进去，套时容易，想取下来就难了。塑料袋不透气，时间长了，宝宝会呼吸困难，甚至会窒息而死。家长一定要把塑料袋收好，不要轻易让宝宝拿到。

不玩塑料袋

花花绿绿塑料袋，
只能拿它装东西。
塑料袋，不透气，
它的上面没空隙。
套在头上很危险，
呼吸困难易窒息。
塑料袋要管理好，
不给宝宝当玩具。

　　不起眼的塑料袋也能惹大祸！

223

不要玩激光棒

　　玩具市场上出售一种能够射出激光光束的激光棒，它的光束非常集中，射到高高的楼房上，能够看到清晰的光点。这种激光棒能够灼伤眼睛的视网膜。妈妈不要给宝宝买激光棒，要告诉宝宝不要和小朋友一起玩激光棒。别的小朋友玩时，也要远远地躲开。

激光棒，不要玩

激光棒，非常亮，
男孩总爱把它晃。
哪个男孩拥有它，
以为好玩又时尚。
射中物体一亮点，
激光光束非常强。
它对眼睛很有害，
眼睛能被它灼伤。

　　一定要离激光光束远一些，也不要用激光棒照人。

别往嘴里抛食物

小朋友见过杂技演员把花生米或者其他食物抛在空中，然后用嘴接住吃掉，成人也有这样做的，有的小朋友也想学。这种吃法看起来很"帅"，其实非常危险。儿童抛物没有准，这样容易把食物误吞到气管里，因窒息而死。所以，儿童千万不要效仿。此外，也会因为接空中的食物而后仰摔倒。

别向嘴里抛食物

小铜锁，小铁柱，
向着天上抛食物。
张着嘴巴仰脸接，
比比看谁能接住。
铜柱吞到气管里，
憋得脸红脖子粗。
爸妈送他去医院，
差点要命真恐怖！

小贴士

这种游戏不能玩啊！

225

坐转椅慢慢转

　　小朋友都爱坐公园里的转椅，但一定要等转椅停稳了再坐上去，要紧紧抓住转椅上的扶手。第一次玩时，要让小哥哥姐姐们转得慢一些，不然，头会晕的。老师或家长一定要在一旁保护，等转椅停稳了，再让小朋友下来。

坐转椅

小朋友，坐转椅，
又害怕来又欢喜。
等停稳了再上去，
紧抓扶手要用力。
哥哥姐姐慢慢推，
慢慢加速不着急。
转椅停稳再下来，
老师家长扶着你。

别害怕，老师、家长在你身边呢！

独处安全

看动画片克服恐惧

宝宝独处时感到恐惧是一种正常的心理现象，宝宝年龄大一点时，爸爸妈妈难免临时有事一起外出，留宝宝一个人在家。宝宝因没有独处过往往很害怕。宝宝可以专心干自己喜欢的事，如看动画片，这是个克服恐惧的好办法。当然，爸爸妈妈只能短时间把宝宝一人放家里。

一人在家不害怕

爸妈外出去办事，
宝宝一人留在家。
小宝宝，别恐惧，
全神贯注看动画。
动画片里故事好，
宝宝看着笑哈哈。
只要经过第一次，
从此独处不害怕。

小贴士

宝宝经过第一次一人独处，下次就不怕了！

孤独、害怕不要跳窗

　　宝宝一人在家时，难免感到孤独、害怕。于是，家住在平房的宝宝想走出家门找妈妈，门锁着打不开就跳窗户，这很危险，容易摔伤。宝宝可以给家长打个电话，问他们什么时候回来，这样自己就有盼头啦。打电话可以让宝宝觉得家长就在身边。

打电话

宝宝一人留在家，
孤孤单单有点怕。
可以给妈打电话，
问问啥时能回家。
千万不要跳窗户，
造成骨折就糟啦。
伤腿需要打石膏，
长久不能把床下。

小贴士

　　发生骨折，三四个月才能恢复。

228

上门维修者

小凯自己在家里看动画片，有人按门铃。小凯问："谁呀？"门外传来陌生男人的声音："我是修煤气的！"小凯说："我们家煤气没问题，不用修。"小凯做得很对。

宝宝一人在家，如果有人自称是查水表、修煤气的，宝宝都不要开门。

大人回家再开门

有人自称维修工，
家长不在找上门。
孩子为防"大灰狼"，
大人回家再开门。
这样不是不礼貌，
提防他是冒牌货。
小心谨慎不出错，
坏人休想来蒙我！

小贴士

宁可暖气没修成，也不引"狼"入室！

如果家长外出怎么办

如果爸妈外出，事先知道时间很久，宝宝可能耐不住孤寂，也不能保证自己不害怕。宝宝要主动提出来，或者跟着家长一起外出，或者让爸妈把你送到可靠的朋友、邻居家里。总之，家长不能把宝宝长时间放家中。

爸妈外出时间久

爸妈出门时间久，
宝宝不能家中留。
或带宝宝一起去，
或送宝宝投亲友。
放在家里不对头，
天色一黑准发愁。
宝宝害怕很正常，
最佳选择一起走。

爸妈出去太久，最好带着宝宝一起走！

上门售货不上当

现在，上门推销的小贩很多，这对一个人在家的宝宝构成了安全隐患。家长要告诉宝宝，有推销货物的人来敲门，不管对方用什么好听的话，或者什么好吃的东西引诱你，也不要开门。宝宝可以告诉他："你卖的东西我们家里多着呢！"他就会知趣地离去。宝宝不要对来人说"等我妈回来再说吧"这样的话，这等于告诉对方，只有你一个小孩子在家。

上门售货不上当

来人上门搞推销：
"货物便宜质量好"。
宝宝隔门把话说：
"我家什么都不少！"
虽然家中只有你，
千万记住要保密。
家中情况是机密，
不向生人透底细。

小贴士

坚决不能开门哦！

发现虫、鼠要躲避

宝宝一个人在家，室内有可能出现虫子或者老鼠。住在平房里，还有可能发现凶猛的蛇。宝宝一定想法躲到安全的地方，等爸爸回来处理，不要自己去捉。因为，你不了解这些动物的习性，不知道有没有毒。这时，保护自己的安全是最重要的。一般的小动物你不招它，它是不会咬你的。

发现虫、鼠要躲避

宝宝一人在家里，
发现虫、鼠要躲避。
可以给爸打电话，
家有虫、鼠要告急。
不要招惹小动物，
它也不会来咬你。
千万不要逞英雄，
被咬一口妈着急。

宝宝，最好快躲开它！

陌生人来电话

现在，通信工具非常发达，如电话等有时候也成为歹徒的犯罪工具。宝宝一人在家时，陌生人打来电话，只要对方不说出他是谁，或者他说的人你不认识，干脆告诉他："您打错啦！"千万不要向对方说："爸爸妈妈不在家。"

陌生人来电话

现在通信很发达，
好人、坏人都使它。
宝宝一个人在家，
生人可能来电话。
宝宝不知他是谁，
干脆就说"打错啦"。
不要告诉陌生人，
爸爸妈妈不在家。

小贴士

这样讲不算说谎！

不要舞弄刀剪

　　男孩子都喜欢舞枪弄棒。宝宝一个人在家时，不要自己玩刀、剪，也不要玩针，以防发生意外。玩有一定危险性的物品，一旦发生意外受伤，宝宝自己没有能力处置，后果不堪设想。

不要舞弄刀剪

男孩喜欢刀和枪，
立志长大斗敌顽。
长枪不能指向人，
大刀不能对人砍。
宝宝一人在家时，
搭积木，玩电玩。
不要舞枪使刀剪，
动作过大有危险。

玩具刀枪用力大了也能伤人！

有人自称是亲戚

现在，家里一般来客人，事先会打招呼的。不打招呼就来，对方就是没有礼貌。所以，家中来人，爸爸妈妈会告诉你。爸爸妈妈不在家时，有人来访，自称是亲戚或者是爸爸妈妈的朋友，即使对方把你们家里的情况说得头头是道，只要宝宝没见过来人，还是不要开门。如果怕失礼，可以说爸爸妈妈把钥匙带走了。

有人自称是亲戚

宝宝在家一个人，
来客自称是亲戚。
只要事先没见过，
都可视为陌生人。
宝宝推说没钥匙，
爸妈回来再开门。
这样不是没礼貌，
不怪宝宝不认亲。

小贴士

亲戚来访应该事先打招呼呀！

235

睡觉醒来家没人

　　宝宝睡醒觉起来发现家里没人，宝宝不要害怕，妈妈事先没说要出去，一般不会走得太久，可能是去买东西。可以拨通妈妈的电话，或用遥控器打开电视机看看电视，唱歌给自己壮胆，这些都是好办法。千万别打开房门出走找妈妈。打开房门等于门户大开，坏人会畅通无阻。

醒来家没人

睡醒觉，爬起床，
家里无人没声响。
妈妈不知哪里去，
宝宝心里有点慌。
妈妈可能去买菜，
不会独自去远方。
打电话，给妈妈，
等待时间把歌唱。

小贴士

唱歌可以壮胆，这是个好办法。

留守儿童要善于自保

由于父母要出外打工，孩子往往被留在老家，有的只能跟着爷爷奶奶生活，有的甚至一个人留在家乡，成为留守儿童，常常处在困窘的状态中。留守儿童要善于自保，防止坏人对自己进行不法侵害。如果遇到坏人骚扰，可以向老师、村长、村里的妇联组织求助。如果自己手里有手机，可以用手机向公安机关打电话求助。在与坏人周旋的过程中，要注意保存坏人对你侵犯的证据。

留守儿童会自保

爸爸妈妈去打工，
我跟奶奶在家中。
邻居汉子是无赖，
常来骚扰不肯停。
求助妇联和村长，
或打电话110。
斗争一定讲策略，
第一要保自己命。
保留证据很重要，
要让坏人难遁形。

父母出外谋生，一定要把老人和孩子安顿好！

不要站在高凳上

宝宝一个人在家的时候，高高的立柜或其他高处有宝宝想要的东西，但宝宝够不着，于是喜欢自己登在高凳子上够，这非常危险。因为凳子不稳，万一宝宝脚踩翻了凳子掉下来，会摔得鼻青脸肿、头破血流，牙齿也可能被碰掉，既痛苦，又难看。

高凳上，不能站

纸鸢飞上窗帘竿，
宝宝登凳踮脚尖。
使劲够呀够不着，
失足摔个脸朝天！
家中无人很可怕，
无法救治误时间。
等着大人回来拿，
何必自己充大胆？

等爸爸回来再拿呀！

交通安全

过马路，左右看

　　有些街道没有明显的人行横道标志，过马路时要格外小心，车辆是沿马路的右边前进的。妈妈带宝宝过马路时，要教宝宝，过马路时先往左看，有没有车辆驶来；到了马路中间，再往右看，有没有车辆驶来。不管有没有警察，都要遵循这个规则。不过，宝宝不能独自一人过马路，要有大人带领。

过马路，左右看

我和妈妈路边站，
车辆穿梭路面乱。
警察叔叔告诉我，
要过马路左右看。
过马路，先看左，
到了中间看右边。
我跟妈妈手拉手，
叔叔说我是模范。

小贴士

　　没过马路先看左边，到了马路中间再看右边。

239

过小桥，手牵手

乡村许多地方有河流，河上有很多不稳的小桥，有的小桥是用几根木头搭建的。宝宝在过颤巍巍的小桥时，一定要有大人拉着，宝宝不要逞能。和大人手牵手过桥时，不要又蹦又跳。既要勇敢，又要注意安全。

过小桥

小河流水浪滔滔，
河水上边架小桥。
小桥板子颤悠悠，
宝宝要过心发毛。
小时过桥妈妈抱，
宝宝大点走过桥。
要和妈妈手牵手，
不在桥心蹦又跳。

小贴士

宝宝，别害怕，妈妈拉着你！

集体过桥不要走正步

　　1831 年，一队英国士兵迈着整齐的步伐从曼彻斯特一条河的桥上走过时，桥身突然倒塌；1849 年的一天，一队法国士兵迈着整齐的步伐从一座大桥上走过，桥身突然倒塌，226 人丧生；1906 年，一支俄国军队从纪毕特桥上走过，桥身突然断裂。为什么会发生这样的事呢？原来，这是共振造成的。士兵迈正步的频率与大桥的固有振动频率一致，共振造成大桥垮塌。所以，当我们排着队过桥时，千万不要迈着正步走路。

过桥不要走正步

小学生，要记住，
过桥不要走正步。
正步走，要共振，
造成破坏力量大。
轻者造成桥身裂，
重者大桥要垮塌。
惨痛教训已很多，
老师、学生要记下。

小贴士

历史的悲剧不能重演！

过马路要走斑马线

　　宝宝渐渐长大，终究有一天要独立过马路。在妈妈抱着宝宝过马路，或者拉着宝宝过马路时，要时刻提醒他：过马路要走人行横道上的斑马线，看红绿灯，当指示行人可以走的绿灯亮时才能走，要自觉遵守交通规则。即使走斑马线，也要做到"一停二看三通过"，不要冒冒失失，不要让转弯的车辆对你造成伤害。

要走斑马线

过马路走斑马线，
交通规则记心间。
红灯停，绿灯行，
不闯红灯才安全。
一停二看三通过，
注意车辆在转弯。
不要以为事不大，
涉及安全命关天。
从小学会守规矩，
你的一生保平安。

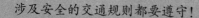

涉及安全的交通规则都要遵守！

骑童车不要上马路

　　许多宝宝小时候都骑过小童车，家长要常常告诫宝宝，小童车只是玩具，不能算正式的交通工具，骑着它是不能上马路的。就是骑着小童车在居住小区里玩耍，也不要骑得太快，还要注意有没有行人、开进小区的车辆和骑自行车的人。

小童车

小童车，真漂亮，
宝宝骑着心欢畅。
骑得快，不小心，
撞在汽车屁股上！
童车毕竟是玩具，
骑着不把马路上。
小区里面骑童车，
也要左右细打量。

　　要是汽车撞在你屁股上就没这么乐了！

243

不在铁轨上玩耍

　　如果你家附近有铁路，火车行驶的速度很快，家长要常常告诫孩子，千万不要在铁轨上玩耍。过铁路的时候，要走交通路口，不要乱穿铁路，要等铁路路口栏杆开放的时候才能过。

不在铁轨上边行

大火车，开得猛，
别在铁轨上边行。
不在铁路附近玩，
人身安全有保证。
铁路上面跑火车，
我坐火车去旅行。
火车还能运货物，
多装快跑一条龙。

宝宝，铁轨上不是玩的地方，快离开！

不坐"二等车"

　　"二等车"是指自行车的大梁和后座。有的家长让宝宝坐在车的大梁或者后座上,遇到危险情况,妈妈往往因为有宝宝在车上,转动车把不灵活,造成躲闪不及而摔倒,容易对孩子产生严重的意外伤害。妈妈为了宝宝的安全,不要让孩子坐"二等车"。

"二等车"太危险

"二等车",太危险,
宝宝不要坐上边。
如果你坐车梁上,
妈妈转把不方便。
有了"情况"躲不及,
车子撞飞人伤残。
爸妈只图小方便,
酿成大祸悔已晚。

小贴士

　　宝宝不要坐"二等车",太危险!

儿童不骑车上马路

现代化大城市的马路上车辆很多,路况非常复杂。儿童即使会骑车,也不要骑车上马路,以防发生不测。等孩子长大了,开始骑车上马路时,也需要成年人先带几次,这样才安全。

不骑车上马路

小冬冬,胆子大,
学会骑车笑哈哈。
冬冬执意上马路,
爸爸偏偏不带他:
"学会骑车是本事,
年龄太小急个啥?
不要骑车上马路。
上路要等你长大。"

未成年孩子不要逞能,不要急着骑车上马路!

从右边下车

坐出租车到达目的地后，千万不要从左边的车门下车，而要从右边的车门下车。这是因为，右边的车门靠近马路边，没有车辆行驶，所以下车比较安全。左边的车门靠近马路中间，行驶的车辆较多，后面驶来的车辆容易将下车的人撞伤。

坐出租车

出租汽车跑得欢，
到家车停马路边。
司机叔叔把话说，
右边靠近马路边。
左边乘客往右挪，
右边下车才安全。
左边靠近快行道，
这里下车太危险。

小贴士

为了你的安全，请从右边下车！

孩子别坐副驾驶座

现在，家庭轿车越来越多。家长外出时，最好别让孩子坐在副驾驶的位置上。因为，行车时难免会遇到紧急情况，司机为了躲闪障碍物，本能地会将车拐弯驶离危险的障碍物。在拐弯过程中，会把坐在副驾驶位置上的孩子置于危险的障碍物面前，孩子被撞击的机会将会大大增加。让孩子坐在后排座上，是相对安全的。

保护孩子最重要

开车旅游需知道，
保护孩子最重要。
副驾座位危险多，
后排座位相对好。
司机为了避障碍，
紧急躲闪把弯绕。
副驾座位顶上前，
受到撞击不得了！

在行车中，副驾驶的位置相对危险多一些，最好别让孩子坐。

头和手不要伸窗外

　　小朋友坐在汽车上，千万不要把头和手臂伸到车窗外。车外路况很复杂，出现情况孩子无法及时做出反应，容易发生意外。如果车子没有防夹手功能，有人关窗户时容易把孩子的手臂和头夹住。林荫道两旁可能种着一些树木，孩子伸出车外的头和手臂有可能被低垂的树枝剐伤。

头和手不要伸窗外

乘车旅游真自在，
头、手不要伸窗外。
道路情况很复杂，
低垂树枝易剐坏。
有人推窗关窗户，
头、手被夹小嘴歪。
规规矩矩坐车内，
不出事故乐开怀。

小贴士

　　把头和手伸出窗外，出了事故，就不乐了！

开启儿童安全锁

　　家长如果驾车带孩子旅游，车子在行进过程中，一定要开启车子上装的儿童安全锁，这种锁是专门为孩子设置的。儿童安全锁开启时，后车门只能从外面打开。这就防止了儿童坐在后排座位上，自己打开后车门，从车门被甩出去的事情发生。当关上后车门，儿童安全锁开启后，大人还要检查一下，儿童安全锁是不是真正开启并发挥了作用。

安全锁就是棒

安全锁就是棒，
开启就把门锁上。
防止儿童误开门，
把他甩在马路上。
司机爸爸要细心，
开启之后细端详。
行车安全是第一，
安全归来喜洋洋。

稍微大意一点就会乐极生悲！

汽车倒车要躲开

有时，小朋友在路边看到有人指挥汽车倒车，觉得很好玩，爱站在车前看，这很危险。因为有的司机是新手，开车技术不熟练。虽然有人指挥倒车，但万一司机开车出了错，本来应该往后开，结果往前开了。小朋友没有思想准备，来不及跑会被撞倒，轻者受伤，重者身亡。

汽车倒车要躲开

小朋友，要注意，
汽车倒车要远离。
站在车前看热闹，
认为安全没问题。
遇上司机是新手，
明明倒车往前去。
小朋友，躲不及，
被撞身亡太可惜。

小贴士

孩子是祖国的花朵，受到百般呵护是应该的！

儿童应使安全座椅

儿童坐车时，不要使用成人安全带。安全带使用不当，也会对孩子造成致命伤害。安全带系得过松，车辆与别的车发生碰撞时，孩子会从安全带和座椅之间的空当飞出去。安全带系得太紧，在与别的车子发生碰撞时，会给孩子的腰部和头部造成伤害。所以，最好给儿童配备一副儿童安全座椅。

儿童座椅才安全

小小孩，上郊外，
坐车要系安全带。
安全带，要合适，
太松太紧都不该。
太松容易飞出去，
太紧头、腰受伤害。
儿童安全小座椅，
配个专座理应该。
这样安全有保证，
不是因为多气派。

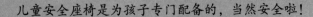

儿童安全座椅是为孩子专门配备的，当然安全啦！

不要把孩子锁车里

　　如今，拥有私家车的家庭越来越多。家长带孩子外出，到达目的地后，由于不方便带孩子出席某些场合，竟然把孩子锁在车里，这样做极不安全。车子里是个狭小空间，待的时间过长，车内空气越来越差，夏天会越来越热，冬天会越来越冷，孩子容易得病。如果不得已非得把孩子锁车里，车窗要留一道细缝透气，家长离开的时间也不宜过长。时间久了，孩子会因为孤单而感到恐惧。

不要把孩子锁车里

家长外出带孩子，
孩子不要锁车里。
车内空气很不好，
冬冷夏热很憋气。
孩子非得留车里，
车窗留一小空隙。
空气流通很重要，
手掌无法伸进去。

小贴士

　　由于让孩子单独留在车里，发生中暑及死亡等事故的例子不少。

253

汽车后面不能待

　　小区里停放着许多小轿车，小朋友玩捉迷藏特别愿意藏到车之间的夹缝中，也有的孩子爱到汽车后面玩，这样做都很危险。汽车司机倒车的时候，车的后面是盲区，他看不到车的后面，藏在车后的孩子很容易被车轮轧着。

倒车车后是盲区

停车场，停车辆，
玩耍别在车后藏。
倒车车后是盲区，
反光镜只照车两旁。
司机不能看后面，
汽车倒车能轧伤。
轻则伤腿伤胳臂，
重则要命没法防。

　　孩子在这种情况下被轧着，还得怪自己，谁让你藏在车后呢？

254

过马路不要看书、打闹

　　有的小朋友一边看书一边过马路，这非常危险。有的男孩过马路时，常跟别的小朋友打打闹闹，这也非常危险。马路上车辆很多，过马路的时候要专心观察路况，才能减少交通事故，减少意外伤害。在十字路口，即使是在绿灯行人可以过马路的时候，也有左拐弯和右拐弯的车辆从旁边插过来，稍不注意就会被拐弯的车辆轧着。

过马路，要走好

过马路，要走好，
先把红绿灯来瞧。
低头看书不可取，
更不可以乱打闹。
有的车辆要左拐，
有的车辆要右拐。
走过马路不专心，
容易被撞受伤害。

小贴士

过马路还打闹，多危险！

乘公交车抱紧小宝宝

妈妈带孩子乘公交车要抱紧宝宝，现在大城市的路况复杂，不知什么时候会发生紧急情况。司机要刹车，急刹车产生的前冲力往往使人猝不及防，小宝宝容易撞在前面座椅的扶手上，撞坏牙齿。

撞掉牙齿不得了

乘公车，要记牢，
妈妈搂紧小宝宝。
小宝宝，要坐好，
不要站起不胡闹。
离开座椅太危险，
不能车里来回跑。
刹车产生冲力大，
撞掉牙齿不得了！

当个缺牙露齿的宝宝多难看呀！

乘车要系安全带

　　爸爸妈妈带着宝宝乘坐出租车的时候，一定要系安全带。现在路况非常复杂，行车过程中，难免出现紧急刹车这种情况，系上安全带可以减少很多事故。乘坐私家车出门也要系安全带。在乘坐飞机时，飞机起降和遇到强气流时，也容易发生意外，系上安全带，要安全得多。

乘车要系安全带

出远门，坐出租，
交通规则要记住。
一定系上安全带，
这点一定不含糊。
坐飞机，起降时，
安全带也要系住。
爸爸妈妈带头系，
宝宝也不搞特殊。
系上安全有保障，
一路之上无事故。

小贴士

　　每年因为乘车、乘坐飞机不系安全带，出现了许多事故。

过马路不要跑

孩子第一次过马路时，心里可能会很紧张。妈妈要拉紧他的手，千万不要让他挣脱你的手，独自跑过马路，而这种情况是非常可能发生的。开车的司机无法应对这种突然情况，来不及刹车，容易造成伤害宝宝的惨剧。

过马路，不要跑

拉着宝宝过马路，
要让宝宝两边瞧。
妈妈拉紧宝宝手，
不要慌来不要跑。
宝宝突然跑过去，
司机事先没料到。
刹车不及伤宝宝，
出现这事最糟糕。

宝宝别跑，过马路要慢慢过！

拨打"122"干什么

特殊电话号码里有个"122","122"是干什么的呢？这是交通事故报警号码。如果发生的交通故事造成了人员伤亡，应该立即拨打电话号码"122"，交通民警就会第一时间来到现场处理事故。一定要维护事故现场的原有模样，这样在打官司时能够保存对自己有利的证据。

拨打"122"

同学路上被车撞，
保护现场第一桩。
拨打电话"122"，
通知交警来现场。
警察叔叔很专业，
现场勘察要照相。
留取证据多重要，
打起官司才不慌。

发生交通事故后，保护好事故现场也是对自己的保护！

不要翻越马路护栏

许多马路中间都有铁护栏，装护栏是为了行车更加有序。有的孩子上学时，为了走近道，从护栏上爬过去，这样做非常危险。因为开车的司机只注意前边的路面，对于翻栏而过的孩子很难发现，有可能把孩子撞伤、撞死！

不要抄近道

马路中间有护栏，
为抄近道上边翻。
护栏是为更有序，
翻越护栏太野蛮。
汽车司机难发现，
被车撞上致伤残。
警察批评要接受，
遵纪守法不冒险。

这样做太危险啦！

旅游安全

旅游时别钻草丛

　　孩子旅游时，爱钻到草丛里去让别人找，这样做非常危险。孩子钻到草丛里容易走失，发生情况不易被人发现。草丛里情况复杂，有毒蛇和野兽出没，还有蚊虫叮咬。小朋友打扰了蛇和野兽的安宁，它们会向你攻击，被毒蚊虫叮咬，会身上起包，奇痒难忍，甚至有生命危险。

草丛里有毒蛇

草丛里，虫豸多，
常有毒蛇丛中爬。
旅游不要钻草丛，
咬你一口多可怕！
草丛中，情况杂，
钻进草丛不见啦。
爸爸妈妈找不着，
走失迷路多可怕？

小贴士

　　蛇很可怕。再说，钻在草丛中走丢了怎么办啊？

竹签伤心时

　　带孩子出去旅游时，不小心被竹签扎在心房时，家长不要慌，千万不要贸然把竹签拔出来，那样会造成大出血，而使孩子死亡。应先拨打"120"急救中心的电话，然后，用柔软的东西将竹签固定，同时安慰孩子，不要怕。大人也不要着急，耐心等待医生来救治。

竹签伤心不要拔

小竹签，扎心房，
家长此时不能慌。
妈妈千万不要哭，
要给孩子以力量。
不要拔出小竹签，
稳定竹签理应当。
快快拨打"120"，
医生处理最妥当。

小贴士

贸然拔出竹签会造成大出血！

等船停稳再迈腿

　　带孩子旅游时，有时会乘船，在一些小渡口上船时，要等船停稳再上船。有的宝宝心急，船还没停稳，迈腿就要上船。宝宝使劲迈一条腿，船会离岸，宝宝容易掉下船去。如果失足落水就惨了。所以，家长要扶着宝宝慢慢上船，不要着急。

等船停稳再上船

跟着爸妈去旅游，
要过小河到渡口。
小船抵达小河边，
船身不稳颤悠悠。
宝宝迈腿要登舟，
船夫爷爷把他拦。
宝宝不要太性急，
等船停稳再上船。

小贴士

　　渡船翻船伤人的事故可不少啊！

263

不随便吃野果

　　带宝宝郊游时，会发现野外有许多不知名的野果、野菜。应告诉宝宝，不要随便摘野果、野菜吃。有些野果，野菜味道不错，却含有毒素，会引起食物中毒。

野果子

郊外野果一串串，
味道不错也好看。
宝宝不能随便吃，
误食中毒怎么办？
野外条件比较差，
急救中心离得远。
出外旅游管住嘴，
这样才能保安全。

保住性命要紧，请不要吃野果啦！

划船要小心

爸爸妈妈带孩子旅游，免不了乘坐游船或者划船。孩子喜欢玩水又怕水，爸爸妈妈不要在船上做剧烈动作，乘船人不要用力向一边倾斜，船体倾斜容易吓着孩子。孩子在船上要坐稳，不要走来走去，更不能又蹦又跳。风大浪高时不要划船，以免发生危险。

小木船

小木船，长又尖，
爸妈带我坐小船。
小船水中漂呀漂，
宝宝心里直发颤。
宝宝不要来回走，
风大浪高别划船。
身体不要一边斜，
重心不稳船要翻。

小贴士

划船时宝宝不要在船上来回走动。

不明水源不能喝

　　在野外旅游时，要自带饮用水。在野外发现不明水源，不管它表面多么清澈，也不能喝，因为我们不知道它的上游是不是干净，也不知道水里含有什么矿物质，是否会中毒。在野外发生饮水中毒是非常危险的，离救治中心较远，往往来不及救治。

旅游要自带水

旅游中要自带水，
渴时能够干一杯。
山间小溪很清澈，
不明水源不能喝。
不知上游啥水质，
饮水中毒没法治。
小贩卖水我不买，
不知货从哪里来。

旅游时要喝有安全保证的水！

266

海边玩要防晒

到大海边游玩，进行日光浴，对身体有好处，但时间不要过长。长时间暴晒，会造成皮肤晒伤、脱皮，很痛苦。晒的时间过长，还有得皮肤癌的危险。如果不想游泳了，可以到太阳伞下面待着，也可以穿上衣衫。

日光浴，别太长

海中游泳劈波浪，
海边沙滩晒太阳。
宝宝进行日光浴，
时间合适保健康。
为了皮肤不晒伤，
日照时间别太长。
披件衣衫在身上，
可以伞下乘乘凉。

被晒脱皮是小事，还容易得皮肤癌呢！

到动物园别喂动物

　　动物园里威猛的狮子、活泼可爱的猴子、憨态可掬的熊猫都让孩子喜爱。宝宝总爱拿自己的食物喂小动物，这很危险，动物有时会发怒袭击游客。另外，乱喂动物食物，也会使动物受到伤害。应告诉宝宝，动物有饲养员去喂。作为游客，不要乱喂动物食物。

人人争当好游客

动物园里游人多，
游园须知要记着。
不要乱喂小动物，
人人争当好游客。
动物有的很温顺，
有的威猛不好惹。
动物情急要咬人，
咬你一口了不得！

小贴士

　　每年都发生动物园的动物攻击人的事件，千万要小心。

注意涨潮落潮

　　到海边旅游，下海游泳，一定要了解大海的"脾气"，知道大海涨潮落潮的时间。即使是同一个地方，涨潮和落潮时，水的深浅是不一样的。落潮时，这个地方水深才到我们的腰部，涨潮时可能会淹没头顶，小朋友一定要注意。

潮起潮落

无风海上很平静，
有风大海万顷波。
把握大海怪"脾气"，
宝宝游泳自由多。
早晨海水淹脚脖，
晚上能够把头没。
下海一定要注意，
海边海水有涨落。

游客因为不了解水情而发生溺水的情况很多！

别把手伸进栏杆

　　人们常说，动物是人类的朋友。但这不等于说，小动物不咬人。妈妈带宝宝到公园时，宝宝千万别把手伸进关动物的栏杆里去。有的动物会咬人，有的动物看起来温顺，它不知道宝宝要干什么，以为宝宝要欺负它，动物急了是要反抗的。俗话说，兔子急了还咬人呢！

收回小手掌

宝宝来到动物园，
看见动物心喜欢。
动物关在笼里边，
宝宝伸手进栏杆。
动物惊慌看宝宝，
不知伸手为哪般？
快快收回小手掌，
动物伤人很危险。

小贴士

　　动物急了要咬人的呀！

不要互相扔沙子

夏天，到海滩游玩，沙滩对小朋友有很大的诱惑力。小朋友们可以堆沙雕、堆城墙，但不可以互相扔沙子。沙子的颗粒很坚硬，一旦迷进眼睛里，很难弄出来，会对小朋友的角膜造成划伤。

金沙滩

大海海浪拍沙滩，
小朋友们来游玩。
一个宝宝垒宝塔，
一个宝宝堆塔尖。
海浪一冲全坍塌，
重新堆砌再重建。
不要互相扔沙子，
沙粒能够迷住眼。

沙子迷住眼会划伤角膜，太危险啦！

271

过溪水，知深浅

　　家长带着宝宝到野外旅游时，有时会遇到山间的小溪。光线经过水的折射，往往使人误判水的深浅。有的溪水很深，在岸上看起来却很浅。不知溪水深浅，不要让宝宝下水。大人不在场，宝宝更不能下水。

小溪水

小溪水，过山涧，
谁也不知深和浅。
宝宝不能下溪水，
大家只能岸上玩。
要是想过小溪水，
大人先试水深浅。
宝宝要是非要过，
大人把他小手牵。

光在水中的折射作用会让人觉得水不深，往往让人上当！

滑雪先要学会摔

冬天,孩子们纷纷跟着家长到山里去滑雪。滑雪是一种快速运动,为了防止撞倒别人,宝宝要注意滑雪道上有没有人再向前滑。滑雪中难免摔倒,摔跟头也有技巧。身体有摔倒倾向时,尽量控制身体向两侧摔,这样身体不易受伤。如能控制屁股先着地,是比较安全的。

滑雪

小小勇士撑雪杖,
滑雪道上穿梭忙。
摔跤要求有技巧,
摔向两侧雪上躺。
如果屁股先着地,
屁股肉多不受伤。
要是摔向正前方,
宝宝啃地磕鼻梁。

小贴士

摔跟头可是有技巧的呀!

273

不下水塘去游泳

到郊外旅游时，会遇到许多大池塘。有的池塘是很深的窑坑，蓄满了水。这些水塘里的水不卫生，也很深。孩子千万不要背着家长到水塘里去游泳，也不要到水塘边去玩耍，一失足掉下去就会丧命！同时注意，不要到没有安全设施和救护人员的不明水域去游泳。

大水坑

村外有个大水坑，
坑里的水绿莹莹。
远离水塘来玩耍，
不要下水去游泳。
水塘里面水很深，
落入水中准没顶。
别乱方寸急呼救，
徒劳挣扎会丧命。

小贴士

宝宝要在远离水塘的地方玩耍！

爬山一定走山路

　　旅游时有可能遇到山，有的山很陡，不要逞能。小朋友爬山，一定要量力而行。爬山一定要走山路，有山路的地方，一般没有什么危险。爬山前，要向当地的老乡打听好，前边的路是不是好走，最好能请一个山里人当向导。如果山路很陡，宁可不爬山，也不要冒险。如果走的是陌生的小路，沿途一定要留下记号当路标。

爬山要量力

一座山峦很清幽，
有条小路通山头。
爬山一定走山路，
互相照应别走丢。
有路肯定无大险，
山路一般也好走。
陌生路把记号留，
不然走失吃苦头。

　　太小的孩子就不要爬山了！

善于躲山火

　　水火无情，旅游中遇到山林着火，怎么办呢？作为一个孩子，首先想到的是保证自己生命的安全，而不是去救火。注意，一定要逆着风、向着树木和蒿草少的地方跑，而不要顺风跑。

遇到山火逆风跑

遇山火，看树梢，
保命就要逆风跑。
顺风会被火追上，
还看哪里没蒿草。
因为你还未成年，
投身灭火你太小。
可向林场去报信，
首要任务是自保。

小贴士

　　孩子，灭火是大人们的事。你快后撤！

在山林里别玩火

到山林里旅游时，一定不要玩火，更不要搞野炊。山林里是禁止烟火的。山林里发生火灾，对于旅游的孩子、大人都不安全，也容易造成林木损失，环境被破坏。

禁止烟火

山林里，禁烟火，
砌灶野炊干不得。
星星之火能燎原，
山坡燃起漫天火。
山林燃烧很可怕，
没处藏来没处躲！
人人都做小卫士，
进山就要守规则。

水火无情，到了山林里，一定要遵守山林里用火管制的规则！

下山不要猛跑

　　旅游中，应告诉孩子，下山时不管山路是不是好走，一定不要猛跑。猛跑的加速度会让人收不住脚，容易被树杈绊倒，甚至会跌到山谷，丢掉性命。

下山不能跑

玩够了，下山腰，
告诉孩子不能跑。
下山产生加速度，
越跑越快难收脚。
非常容易跌大跤，
连滚带爬掉山腰。
如果下面是悬崖，
还有可能命丢掉！

上山容易下山难，下山一定不要跑啊！

雷雨天不要树下站

天有不测风云,旅游中遇到雷雨天是常有的事。家长要告诉孩子,千万不要在大树下避雨,也不要打有金属尖的伞。大树和金属伞尖都有可能招致雷电的袭击,使人遭到雷击。要迅速向有房屋或庙宇的地方跑。

学会躲雷电

下大雨,闪雷电,
千万别打金属伞。
金属伞把是导体,
招来雷电很危险。
不要树下去避雨,
树干淋湿能导电。
大树招雷你也悬,
遭到雷击变成炭!

小贴士

雷击太可怕了,雷雨天能不出去就不出去!

打雷不要高处站

　　在旅游时，遇到雷雨天，不要站在山顶、高山丘和空旷的田野里，可以躲到低洼的地方或者进入一个干燥的房间里，也可以躲在干燥的汽车车厢里。如果附近没有什么地方可躲，可以双手抱膝，低头蹲在地上，不要双手撑地，也不要两腿分开站立，脚上最好穿能够绝缘的胶鞋。需要摘下身上的一切金属物品，如手表、腰带、金属框的眼镜。

野外旅游防雷击

旅游遭遇暴风雨，
千万注意防雷击。
不在山顶、旷野站，
最好躲在房间里。
双手抱膝蹲在地，
不要双腿分开立。
金属物件要摘下，
穿鞋应是绝缘底。

　　雨天防雷击最要紧的是要找一个安全避雨的地方。

肢体被毒蛇咬后

　　旅游中，孩子不小心被草丛中的毒蛇咬伤，家长要先用绳子将被毒蛇咬的腿或胳膊的伤口以上的部位绑紧，不让毒汁随血液蔓延。然后用小刀在伤口处划个"十"字，用拔毒器或者用嘴将毒汁吸出（吸时可以垫一块塑料布，防止大人吸后中毒），再用清水冲洗伤口。同时，立即拨打120急救中心的电话。捆绑肢体的绳子要10分钟松1次，再捆时要换一个地方，防止局部肌肉组织坏死。更复杂的处理应由医生来完成。

被毒蛇咬后

天苍苍，野茫茫，
全家春游进草场。
草丛爬出一条蛇，
小明大腿被咬伤。
毒蛇咬，不要慌，
不让毒汁"走四方"。
想法吸出蛇毒汁，
清洗伤口叫"清创"。

小贴士

　　家长的前期处理很重要，可以防止蛇毒进一步蔓延，为抢救孩子争取了时间。

迷路怎么办

　　旅游中，迷路是常发生的事。家长要告诉孩子，迷路不要慌。首先要辨清方向，可根据早晨、中午、傍晚太阳的位置来认清方向，也可以根据树桩的年轮来定方向，年轮密的一侧是北方。当然，也可以向守林人打听回到驻地的路。借助指南针和卫星定位仪，也可以帮助我们确定自己所在的位置。

旅游常识要记清

旅游迷路不要慌，
旅游常识来帮忙。
辨认方向看年轮，
晴天可以看太阳。
晚上星宿指路程，
勺星正指北极星。
卫星定位、指南针，
定位、定向很轻松。

　　到了夜晚，只有找北极星了。

不要钻陌生山洞

旅游过程中常遇到陌生山洞，爱追求刺激的孩子喜欢钻进洞去探险，这非常危险。洞里有可能栖息着毒蛇、猛兽，会对光顾的人进行袭击。不知洞的深浅，蜿蜒曲折的洞道会使孩子迷路，走不出来，饥渴而死。有的山洞里有可能弥漫着有毒气体，使人中毒。如果想进山洞游玩，必须在有资质并熟悉情况的导游带领下进行。

不要盲目钻山洞

旅游为的是高兴，
不要盲目钻山洞。
有的洞里很复杂，
蜿蜒曲折路不明。
洞里可能有猛兽，
也有可能栖毒虫。
光怪陆离迷惑你，
危险时时会发生。

不明山洞千万不要钻！

爬山不要突然坐下

　　爬山是一项剧烈运动，会使爬山的孩子流汗、气喘、心跳加快。家长要告诉孩子，如果累了，不要突然坐下休息。从事剧烈运动的人猛然坐下休息，心脏受不了，甚至会使人脸色苍白，突然休克。可以慢慢地放缓步伐，让心跳减速后再坐下来休息。另外，家长还要告诉孩子，本来满头大汗，一下子坐下来，山风一吹，浑身发冷，容易感冒。

爬山不要猛坐下

爬山运动很剧烈，
气喘吁吁心跳快。
爬到山腰腿发软，
不要猛然坐下来。
突然坐下会休克，
心跳不止脸发白。
减缓速度调脉搏，
脚步放慢调节拍。

小贴士

　　爬山会使血液循环加快。

野餐也要讲卫生

在野外用餐时，饮食卫生很重要。如果没条件洗手，可以用消毒手巾擦手。消毒手巾上有酒精，可以将病菌杀死。如果没带消毒手巾，手不要触及食物，应把食物的包装纸剥开一部分，然后再吃。

消毒小手巾

野外用餐真高兴，
须知野餐要卫生。
消毒纸巾擦洗手，
干净用餐不得病。
如果没带消毒巾，
食物包装剪个洞。
手碰外层包装纸，
然后食物往嘴送。

小贴士

没有条件洗手，手就不要直接接触食物！

285

水土不服怎么办

　　有的孩子在旅游中水土不服，造成肠胃不适，上吐下泻。也有的孩子皮肤过敏，身上起大包，请医生诊治，又没什么病，其实是水土不服造成的反应。如果小朋友知道自己有这些毛病，临行前应自带些治肠胃病的药和防止过敏的药。皮肤起包不要乱抓乱挠，皮肤一旦被抓伤，要敷外用药，不要造成感染，严重的要去医院请医生诊治。

水土不服看医生

旅游身上起大包，
肠胃不适吐又拉。
吃点小药全治好，
水土不服不可怕。
为了防止皮受伤，
身上起包不要抓。
问题严重去医院，
医生处治防感染。

　　这是远离家造成的身体不适应。

不要迎风吃饭

　　旅游中，在野外吃饭，要选择相对避风的地方就餐。如果迎着风吃饭，肚子里灌进了凉风，会造成肠胃不适，引发肚子疼，甚至上吐下泻。三面有巨石环抱、向阳的地方，是最理想的吃饭、休息的地方。

野餐

巨石峰下青石板，
阳光普照暖又暖。
大家围坐在一起，
高高兴兴来野餐。
不要迎着风口吃，
喝进冷风就麻烦。
肠胃不适肚子疼，
上吐下泻心里烦。

小贴士

　　在野外因为迎着风吃东西导致肠胃不适的情况时有发生！

电器使用安全

定期检查电器是否漏电

家用电器给我们带来了方便，也给宝宝的安全带来了许多隐患。家长要请专业人员定期检查家里的电器和电线是否漏电。如果漏电，一定要采取果断措施进行检修或者更换，不要等酿成惨祸才采取措施。

漏电千万别大意

现代家居多电器，
生活因此很便利。
各位家长要注意，
安全隐患得留意。
常查线路和电器，
是否漏电要警惕。
检查其实很简单，
只需一支试电笔。

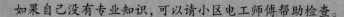

如果自己没有专业知识，可以请小区电工师傅帮助检查。

288

别拿手机当玩具

手机是不可缺少的通信工具，家长在通话时，常引起宝宝的好奇，也要拿起来听一听，这样做很不好。因为手机的电频信号强于电话，容易对大脑的神经系统造成伤害。孩子的神经系统发育不健全，千万别让宝宝拿手机当玩具玩。

手机不是玩具

妈妈有只小手机，
说话能通千万里。
妈妈用它发微信，
还能炒股得信息。
宝宝见到很好奇，
拿到手机当玩具。
伤害神经危害大，
宝宝常用不可以。

手机对神经系统的伤害是潜移默化的！

不要自己安灯泡

　　宝宝自己在家里玩时，不要自己去开复杂的电器，尤其不许动没有遥控器的电器。电能够给人造福，带来方便，但操作不当，比老虎还厉害，会电死人的。宝宝独自一人在家里玩时，如果灯泡不亮了，千万不要自己换灯泡。尤其是黑天看不清灯泡接口在哪里时，如果没关电灯开关，非常容易触电身亡。宝宝这时赶快找根蜡烛点上，等待家长回来处理此事。

不要自己安灯泡

晚上宝宝看电视，
灯泡坏了真糟糕。
赶忙点上红蜡烛，
不害怕来不喊叫。
宝宝千万要记牢，
自己不要安灯泡。
假设开关没有关，
触电身亡不得了。

小贴士

　　宝宝千万不要自己安灯泡！

电线漏电怎么办

小朋友一个人在家时，如果发现电线漏电，有时候还冒电火花，千万不要自己处理，要及时到小区的维修班，找电工师傅及时处理。因为你没有电工专业知识和技术，对于发生的情况无法做出准确判断。如果自己擅自动手修理，还容易酿成火灾。再有，你擅自处理，没有按操作规程做，也可能被电流击伤，每年被电击伤的孩子不在少数，酿成大祸，后悔就晚了。

电线漏电要报修

家中电线一条条，
连接电器真不少。
电冰箱、洗衣机，
电视、风扇、电饭煲。
电线漏电冒火花，
去物业把师傅找。
不要擅自动手修，
漏电伤人不得了！

小贴士

维修电线和电器需要一定的电器知识和技术，不是谁都能干的。

插线板坏了不能捅

　　小朋友要看电视，却发现电视机没有信号。造成这种情况的原因有多种可能，其中有一种情况可能是插线板接触不良。首先，你可以检查一下，插线板上的小红灯亮不亮。如果亮，可能是电器插头与电源插线板插得不紧造成的，你可以按一下电源线插头。遇到这种情况，不要用改锥捅插线板的孔，以免被电击伤，应等爸爸回来做出判断和处理。

不要乱捅插线板

插线板，连电源，
它给电器供应电。
没电电器不工作，
什么事情不能干。
插头要是连接松，
电器照样玩不转。
不要乱捅插线板，
电击伤人太危险。

　　宝宝自己处理不了，不要逞能，一定要等爸爸来处理。

别抠插座眼

家里的插座眼很多，宝宝不知道为什么一插上插头，就可以看电视、开电灯，很好奇。家长一定要把没有用的插座眼用胶带封上，或者用干燥的纸芯给堵上，不许宝宝用手去抠，更不要让他用金属棍去捅插座眼，以防触电。

不捅插座眼

插座眼，用途大，
电视、冰箱连着它。
它给电器送电力，
一摁开关就亮啦。
安全操作很重要，
电力有用危险大，
宝宝不捅插座眼，
一捅小命就没啦！

小贴士

电力有用，但它暗含的危险比老虎都厉害，千万别捅插座眼！

不乱动电器按钮

　　有的家长特别爱炫耀，过早地让宝宝操作电器的按钮，认为会操作电器是有本事，这种做法危险很大。孩子不知道电器什么地方是绝缘的，什么地方是带电的，误操作使孩子触电将后悔莫及！

悔莫及

告诉宝宝别性急，
不拿电器当玩具，
电器危险赛老虎，
不让他摸防电击。
宝宝过早摸电器，
被电击伤悔莫及。
轻则被电倒在地，
重则断气命归西！

　　不要为了满足家长的虚荣心，而过早地让宝宝操作电器。

电熨斗要管制

妈妈常常用电熨斗熨烫衣服，妈妈用完电熨斗后，一定要把它放凉，收藏好。在没有放凉之前，一定要看管好。电熨斗看不出凉热，而孩子模仿力很强，走过去用手一拿，很容易被烫伤。

电熨斗不能摸

电熨斗，不能摸，
妈妈用过还很热。
容易烫伤你的手，
起个大泡该哭了！
不能模仿你妈妈，
熨烫衣服易着火。
引起火灾太可怕，
没处藏来没处躲！

小贴士

告诉孩子，电熨斗不是玩具，具有一定的危险性！被熨斗烫一下，要起大泡的，很疼！

295

别用刀、剪割电线

刀、剪是金属的，是导体，能导电。妈妈要告诉宝宝，千万不要用刀、剪去切割电线。宝宝不知道电线通不通电，一旦把电线的胶皮切开，就有可能跑电，使宝宝遭到电击。

别用刀、剪割电线

刀、剪都能来导电，
别用刀、剪割电线。
宝宝不会来判断，
电线是否接电源。
"电老虎"，特别凶，
电击伤人能伤残。
严重还能被电死，
家长管制刀和剪。

小贴士

宝宝，"电老虎"不好惹，有些事情还是让爸爸妈妈来做吧！

手别伸进电扇

夏天，电扇使人凉爽，但也给宝宝带来危险。转动的电扇让宝宝好奇，家长要告诉宝宝，千万不要把小手伸进正在工作的电扇金属网子中去，以防电扇的铁叶片把宝宝的小手切断！最好把电扇放在孩子够不着的高处。

小手不要伸进电扇

夏天到，烈日炎，
电扇送风心里甜。
电扇使用有规矩，
小手不伸网里边。
电扇轮，转得欢，
小手伸进太危险。
扇叶锋利像刀片，
能把手指给切断。

宝宝，离电扇远一点才安全！

不要站在吊扇下

在商场和公共场合，常用吊扇供应凉风。吊扇由三片金属叶片组成，吊扇吊在空中。吊扇启动后，叶片随着中心轴快速转动，有可能给下面的人带来危险。如果安在轴上的螺丝松动，吊扇的叶片会掉下来，吊扇还在继续转动，薄薄的叶片像大刀一样锋利。如果击在人身上，会将人斩为两段，非常可怕。家长要告诉宝宝，不要因为贪凉，长时间在吊扇下面逗留。

吊扇下面别长待

大吊扇，转得快，
它把凉风送下来。
宝宝贪凉下面站，
这样贪凉可有害。
要是螺丝松动了，
吊扇从上飞下来。
吊扇叶片像大刀，
击中谁像切瓜菜！

吊扇飞速转动时，速度惊人，切中谁可不留情啊！

别把手伸进洗衣机

洗衣机工作起来隆隆作响，衣服很快就洗干净了，会引起宝宝的好奇。妈妈应告诉宝宝，一定不要把小手伸进洗衣机里去。洗衣机的转速很快，容易把宝宝的小手卷进衣服，将他的小胳臂和手扭断！前些年，洗衣机造成的安全事故屡屡发生，不能不引起年轻妈妈的重视。

洗衣机，真能干

洗衣机，真能干，
帮助妈妈洗衣衫。
洗衣机，动力足，
会洗又把衣甩干。
洗衣机不是大玩具，
宝宝只能远远看。
小手不能伸里边，
伸进能把手扭断！

宝宝，洗衣机不是玩具！

用电淋浴器时要断电

如果家里用的是电淋浴器，妈妈让你去洗澡，你进入浴室后，要先看看电淋浴器的开关是不是关掉了。有些品牌的淋浴器没安装防电墙，没有防电墙的淋浴器一旦发生短路和漏电，就有可能电伤和电死人。为了保险,洗澡前还是先关掉电源再洗,这可马虎不得呀!

淋浴洗澡讲安全

淋浴器，真方便，
使用之前要通电。
洗澡之前先检查，
没开龙头先断电。
这样漏电也不怕，
别怕费事不愿关。
如果没有防电墙，
触电性命难保全。

小贴士

不是所有的淋浴器都有防电墙设备，为了以防万一，在洗澡前断电再洗更安全!

热水壶，有危险

　　现在，用电热水壶烧水的人越来越多。在烧水时，热水壶会发出"吱吱"的响声，宝宝很好奇。宝宝甚至到离热水壶很近的地方，观察热水壶，想知道热水壶里有什么东西发声，这很危险。热水壶里的水被煮沸时，会冒出很热的水蒸气，容易把宝宝的眼睛或者脸部烫伤。

热水壶"吱吱"响

热水壶，身材胖，
电线连在插座上。
一开电门就"唱歌"，
热水壶里"吱吱"响。
宝宝看了很好奇，
贴着水壶细端详。
这样做，太危险，
宝宝小脸会烫伤。

小贴士

　　把热水壶放在远离宝宝的地方烧水是很必要的。

捡的电器别再用

有的家长为了省钱，从垃圾箱中捡来电器就用，这给家中的孩子带来了安全隐患。别人丢弃的家电一般都有毛病，甚至会漏电，这样的家长就不怕您的小宝贝被电击吗？

这个便宜可别占

小宝爸，为省钱，
捡了一台旧彩电。
稍加修理就能用，
小宝妈妈特喜欢。
这样做，很危险，
线路短路还漏电。
电着小宝后悔迟，
这个便宜可别占！

再怎么节省也别这样凑合！

洗衣机工作时不要在边上玩水

洗衣机处在工作状态，正在洗衣服时，宝宝不要在旁边玩水。如果水溅到插线板上，容易造成短路、漏电，甚至让洗衣机机体带电，使宝宝发生触电事故。

洗衣机

洗衣机，真勤快，
洗衣内桶转起来。
穿脏衣服能洗净，
妈妈省力好愉快。
宝宝一旁只许看，
边上玩水很危险。
插线板上溅水花，
容易短路又跑电。

小贴士

洗衣机是用电作为动力工作的机器，在电器工作时，最怕的是电路沾水造成跑电和短路。

用微波炉要注意

　　微波炉是很普及的家用电器，给我们带来了很多方便。但是，微波炉使用不当，也会发生危险。在使用微波炉的时候，不要让孩子离微波炉过近。微波炉在工作时，会产生辐射，对身体有害，人最好在一米以外进行观察。另外，热饭菜时，不要定时过长。定时过长，容易把食物烧成炭，甚至发生火灾。不能在微波炉里加热封闭的食物，如鸡蛋、花生、栗子，否则会发生爆炸。

用微波炉要注意

微波炉，很方便，
使用过程要离远。
产生辐射很有害，
定时过长食成炭。
封闭食物别加热，
引起爆炸很危险。
如要加热扎个眼，
透气加热才安全。

使微波炉稍不注意就会发生事故！

电器打火、冒烟不能使

如今，家用电器使用越来越普遍了。电器在使用的过程中，如果冒烟或者打电火花，就不要使用了。这种现象说明这个电器不是某个零部件损坏了，就是发生了电路短路，继续使用会非常危险。如果电表安装了安全电闸，将发生跳闸现象，也有可能把别的电器击毁。更有甚者，会把人击死、击伤，造成家庭悲剧。

电器打火、冒烟不能使

电器使用过程中，
打火、冒烟不能用。
不是零件已损坏，
就是短路"罢了工"。
贸然使用危险多，
击毁电器还算轻。
如果执意接着用，
可能危及你性命！

小贴士

电老虎是"咬"人的哟！千万别大意！

305

上网安全

不要让孩子过早上网

在计算机技术领域中，网络技术的运用给我们的生活带来了许多便捷和快乐。许多家长认为，掌握网络技术是一件十分时髦的事情，便过早地让孩子接触并掌握了网络技术，这是不可取的。这样做，会给孩子的教育带来许多负面影响和安全隐患。孩子意志力比较薄弱，上网很容易上瘾，成为沉迷于网络的"网虫"，处理不好容易让孩子患上自闭症。

别学丁丁当"网虫"

工程师，本姓丁，
他的儿子叫丁丁。
小丁丁，真聪明，
电脑技术他都懂。
丁丁从小学上网，
上网成瘾难纠正。
丁丁整天不出门，
自我封闭妈心疼。
丁丁在外没朋友，
别学丁丁当"网虫"。

小贴士

孩子整天不出门，家长很痛苦。所以，对孩子上网的事，家长不可掉以轻心。

警惕不法网站的毒害

网上传播的信息不都是健康的，有些不法网站专门传播一些色情文章和影像。孩子年幼，辨别是非的能力较差，很难抵御色情文章和影像的影响。有的年幼的孩子过早地掌握了上网技术，家长有必要把孩子上网的网址进行有效的掌控。最好把家里的电脑加密，使孩子的上网时间置于家长的视野之内。这样做不是不信任孩子，因为孩子很难抵御不良视频的影响。

色情网页我不看

上网让人很方便，
有用信息我爱看。
但是网上有点乱，
有的内容不雅观。
我是爸妈好孩子，
色情网页我不看。
有的内容很暴力，
自觉抵制才安全。

小贴士

掌控孩子上网的网址是不得已而为之，但这又是必要的。

儿童切忌网上交友

　　网络是很难掌握的虚拟世界，注册网名还没有完全实施实名制，成人对于网上进行联络的网友的真实身份都很难掌握，网上经常披露这样的消息，某成年人由于轻信网上结交的网友，贸然与网友见面，结果导致上当受骗，轻则损失钱财，重则被害了性命。大人尚且上当受骗，就别说孩子了。家长应该明确反对孩子在网上结交网友，以免受骗上当。

网上交友不可取

芸芸众生万万千，

真实身份很难辨。

虽然好人是多数，

也有可憎大坏蛋。

坏蛋脸上没标签，

巧言令色把人骗。

网上交友不可取，

谨言慎行才安全。

尤其是女孩子，不要轻易与不明身份的网友见面！